ROTHLIN
力推社会责任 CSR IN ACTION

应用伦理学系列丛书

Applied Ethics Series

总主编 杨恒达 〔瑞士〕罗世范

职业伦理

（双语版）

Professional Ethics

(Chinese-English Version)

〔瑞士〕罗世范（Stephan Rothlin）
〔美〕丹宁思（Dennis P. McCann） /主编
〔澳〕山显治（Roderick O'Brien）

对外经济贸易大学出版社
中国·北京

图书在版编目（CIP）数据

职业伦理：汉文、英文 /（瑞士）罗世范，（美）丹宁思，（澳）山显治主编. —北京：对外经济贸易大学出版社，2022.3
（应用伦理学系列丛书）
ISBN 978-7-5663-2379-8

Ⅰ. ①职… Ⅱ. ①罗…②丹…③山… Ⅲ. ①职业伦理学–汉、英 Ⅳ. ①B822.9

中国版本图书馆 CIP 数据核字（2022）第 049772 号
图字：01-2022-2118

职业伦理（双语版）
Professional Ethics (Chinese-English Version)

〔瑞士〕罗世范 〔美〕丹宁思 〔澳〕山显治 主编
责任编辑：郭玉红

出版发行：对外经济贸易大学出版社
社 址：北京市朝阳区惠新东街 10 号
网 址：www.uibep.com
资源网址：www.uibepresources.com
邮政编码：100029
邮购电话：010－64492338
发行部电话：010－64492342
E-mail：uibep@126.com

成品尺寸：140mm×190mm
印 张：8.75
字 数：187 千字
ISBN 978-7-5663-2379-8
印 刷：北京时代华都印刷有限公司
版 次：2022 年 3 月北京第 1 版
印 次：2022 年 3 月第 1 次印刷
定 价：45.00 元

序　言

本书是“应用伦理学系列丛书”的第三册，源于对外经济贸易大学（UIBE）和力推企业社会责任（CSR）的北京罗世力国际管理咨询有限公司开设的大型开放式网络课程（慕课）。该系列课程的一大特色在于课程内容包含对专业人士和学者的访谈，这些访谈富有影响和启发性。接受采访的人士包括菲利浦·契米列夫斯基（Philip Chmielewski）教授、康黛西（Daisy Kang）女士、郭小棠（Edmund Kwok）教授、克里丝汀·莱（Christine Lai）博士、詹姆斯·李（James Lee）先生、门明院长、穆倪艾先生、安东·欧秋亚（Antonio Ochoa）先生、罗世范教授、苏国荣先生、盛迈堂先生、黄天祥副教授、约尔格·伍德克（Jörg Wuttke）先生、杨恒达教授。这些成功人士令人印象深刻的经历也被载入本书。盛迈堂教授作为主讲人所做出的卓越贡献必将获得该系列慕课课程学员的认可。

本书可作为慕课课程学员的辅助读物。本书的章节标题与慕课课程结构一致。

然而，本书并非只是慕课课程的辅助读物。在成书过程中，撰写人员深思熟虑，为本书作出了贡献。为了提高实用性，本书增加了新观念、更具多样化的多国实例、职业伦理导论和最新参考资料。这些撰写人员包括丹宁思教授和濮漠泉（Mark Pufpaff）先生。本书由诸多人士共同撰写而成，部分人士更是为特定章节的撰写做出了尤为重要的贡献，其中包括盛迈堂教授（第 3 章）、周守晋教授（第 7 章）和丹宁思教授（第 8 章）。本书的目标读者包括学生和希望更深入地了解自身职业的企业家。各章节文末的问题和练习题分别由濮漠泉先生和山显治博士提供。

本书的编辑工作也是团队努力的成果。本书的初稿编辑工作由濮漠泉先生负责，终稿编辑工作则由山显治博士负责。丹宁思教授和本人为本书的编辑工作提供了详细帮助。鉴于职业伦理相关主题的复杂性和根本重要性，本书切实反映了我们真诚的团队合作精神，这种团队合作精神也正是过去几年本人一直竭力倡导的。

本系列丛书尤为推崇通过实践方法解决关键伦理问题，着重强调这些方法与创业之间的关联性。通常，任何一点伦理原则都会被视为无用的“软技能”而遭到漠视，因为人们会认为，在竞争如此激烈的世界里，伦理原则本质上只是一种无关紧要的白日梦形式，这个世界会让人无法坚持遵循基本的价值观和法律。事实上，乔装打扮的“企业社会责任”往往自我显现为一种洗绿公关工具，在出现强硬的商业决策和大范围的腐败时，这种公关工具就会很快失效。

因此，这套应用伦理学系列丛书意在提供另一种选择。该系列丛书认为，良好的商业实践对于企业的可持续发展而言越来越有必要。尤其在年轻从业人员的培养方式上需要有一个根本的态度转变，这涉及影响人们作为群体一员或未来成员的信念、承诺、能力和行为的所有过程。德国哲学家赫尔曼·吕伯（Hermann Lübbe）认为，智慧传统充当了启蒙时代社会变革哲学运动中的关键性合作者，促进了所有公民的尊严。在当今中国进行的争论中对尊严的这种执着引起了强烈共鸣，这些争论强调尊严、信用和诚信在儒家文化背景下作为职业关键特征的重要性。

经济伦理似乎在应用伦理学领域中引起了最大关注。商业和管理为伦理和法律问题的讨论提供了广阔的领域，这应该是显而易见的，起码可以从无数的公司丑闻中看出这一点。但是，如果更广泛地看一看职业伦理，我们就不会只关注商业和管理了。实际上，不论发展得多么成熟，所有职业都迫切需要对其用以规范自身的原则和价值观进行广泛而系统的研究，更重要的是，所有职业都需要为这样做而努力寻求一个道德指向和道德领导模式。因此，所有行业协会都会重点强调职业伦理，并会在行业协会的章程文件中突出体现伦理规范。

本书希望能够充分利用亚洲各地一直从事职业伦理教学工作的学者的丰富经验。目前，我们迫切需要不断提升职业伦理标准，这一需求要求我们兼顾制度层面并确保将有效的职业伦理教学工作融入整体教学课程。在这样的综合培训中，应特别留意对制度重要性的正确理解。辅助原则提醒我们，社会秩序的构成不仅包括个人和国家，还包括中间社会群体，这些中间社会群体是最先形成的关系，中间社会群体的形成源于公民的个人创造力。主要的挑战在于让学员参与到一个过程中，在其中他们将了解到政府以及个人及其家庭、开展社会活动的所有公共和私人自发组织是如何协调合作，共同提高人格尊严，增进公共利益的。在贫富差距似乎急剧扩大的疫情期间和全球危机时代，还必须寻求新的分析和实践培训方法，以发现并强调团结作为对全球互相依存现象及其不断扩张的基本反应的重要性。

最后，强调公共利益重要性的职业伦理的充分培训需要捍卫奉献和自我规训的价值观，尤其是要规训个人野心，以确保每个人的理想都得到同等尊重。

为了让更多已经超过上学年龄或从未有机会在学校和综合性大学接受正规教育的商界从业者和专业人员可以接受慕课即大型开放式网络课程的教育，圣若瑟大学澳门利氏学社和北京对外经济贸易大学远程教育中心以及北京罗世力国际管理咨询有限公司做了大量努力，本书正是对这种努力的补充。希望本书可以发挥其应有的关键性影响。

罗世范博士

PREFACE

The third volume of the series of "Applied Ethics" had its origins in the Massive Open Online Course (MOOC) prepared for the University of International Business and Economics (UIBE) and the Corporate Social Responsibility (CSR) Consulting Firm Rothlin Ltd. A key feature of the MOOC is the powerful and inspiring interviews with professional and academic persons. These include Professor Philip Chmielewski, Ms Daisy Kang, Professor Edmund Kwok, Dr. Christine Lai, Mr. James Lee, Dean Men Ming, Mr. Jean-Baptiste Monnier, Mr. Antonio Ochoa, Professor Stephan Rothlin, Mr. Andrew So, Mr. Mike Thompson, Adjunct Professor Conrad Wong, Mr. Jörg Wuttke, and Professor Yang Hengda. Their impressive experiences have been included in this book. Those who can follow the MOOC will recognize the excellent contribution of Professor Mike Thompson as presenter.

This book can serve as an accompaniment to users of the MOOC. The chapter headings follow the structure of the MOOC.

But this book is more than just an accompaniment to the MOOC.

Over the time of its development, thinkers and writers have contributed to its growth. New ideas, more varied examples from different countries, an introduction to professional ethics, and up-to-date references have been added, to increase its utility for the reader. These contributors include Professor Dennis McCann and Mr. Mark Pufpaff. And while the book represents the combined contributions of many people, some have made a special contribution to specific chapters. These contributors include Professor Mike Thompson (chapter 3), Professor Zhou Shoujin (chapter 7), and Professor Dennis McCann (chapter 8). Some of the readers of this book will be students, or entrepreneurs wishing to learn more about their profession. The questions at the end of each chapter have been provided by Mr. Mark Pufpaff, and the exercises by Dr. Roderick O'Brien.

Editorial work is also a team effort. Mr. Mark Pufpaff prepared the first editorial draft of this book, and the final draft has been prepared by Dr. Roderick O'Brien. In the editorial work, Professor Dennis McCann and I have given detailed assistance. Given the complexity and primordial importance of the topics related to Professional Ethics the book truly reflects the genuine teamwork I have urged in the last couple of years.

The series has a strong focus on practical hands-on approaches to key ethical issues and their link to entrepreneurship. Often any hint of ethical principles is dismissed as a useless "soft skill" in the belief that it is just an ultimately irrelevant form of daydreaming in a cut-throat and extremely competitive world that makes it impossible to stick to basic values and the law. In fact, what is dressed up as "Corporate Social Responsibility" reveals itself very often as a green washing public relations tool which quickly evaporates when the hardball business decision-making and widespread corruption click in.

Therefore, this series on Applied Ethics means to provide an alternative. It argues that good business practices are becoming more and more necessary to make entrepreneurship sustainable. A radical change of attitude especially in the way young professionals are trained is required, involving all the processes that affect people's beliefs, commitments, capabilities, and actions as members or prospective members of communities. The German philosopher Hermann Lübbe has argued that wisdom traditions served as a decisive partner of philosophical movements for social change during the age of the Enlightenment, promoting dignity for all citizens. This insistence on dignity resonates strongly in ongoing debates in China today, which stress the importance of dignity, trustworthiness, and honesty as the key hallmarks for professions in a Confucian context.

Business Ethics seems to have drawn the most attention in the field of applied ethics. That business and management offer a vast field for the discussion of ethical and legal issues should be obvious, at least from the myriad of corporate scandals. However, a broader look at Professional Ethics may take us beyond an exclusive focus on business and management. In fact, all the professions no matter how well they are established may urgently need a comprehensive and systematic study on the principles and values by which they regulate themselves, and even more importantly strive for a moral compass and a models of moral leadership for doing so. Hence Professional Ethics is prominent in all professional associations, whose charter documents prominently feature a Code of Ethics.

The book hopes to make good use of the rich experience of scholars who have been teaching Professional Ethics all over Asia. However, the ongoing urgent need for improving professional ethical standards requires taking into account the institutional dimension and making sure that the effective teaching of Professional Ethics is well integrated into the whole body of an educational curriculum. Special attention in such a comprehensive training should be focused on the proper understanding of the importance of institutions. The principle of subsidiarity alerts us that the social order consists not just of individual persons and the State, but also intermediate social groupings, which are the first relationships to arise, and which come about thanks to creativity of the citizens. The key challenge is to involve students in a process which let them understand how the government as well as persons, their families, and the whole range of public and private voluntary associations in which social life unfolds should work together to preserve human dignity and enhance the common good. In times of pandemics and global crises where the gap between the rich and poor seems just brutally widening, it is also necessary to find new ways of analysis and hands-on training to discover and highlight the importance of solidarity as the basic response to the global phenomenon of interdependence and its constant expansion.

Finally, adequate training in Professional Ethics which highlights the importance of the common good needs to argue for the values of sacrifice and self-discipline, particularly in disciplining one's personal ambitions, to ensure that everyone's aspirations are equally respected.

The book complements the considerable efforts by the Macau Ricci Institute at the University of Saint Joseph with the Centre for Distance Education of the University of International Business and Economics, Beijing, and Rothlin Management Ltd. to reach out with well-structured MOOCs—Massive Open Online Courses—to a much broader audience of practitioners in business and the professions who are beyond school age, or who never had the opportunity for formal education in schools and universities. May this book have the decisive impact it truly deserves.

Dr. Rothlin

致 谢

本系列丛书的主编及作者对澳门基金会、澳门利氏学社及澳门圣若瑟大学的大力支持表示衷心的感谢。

Acknowledgments

The editors of the series and the authors express their gratitude to the Macau Foundation, the Macau Ricci Institute and the University of Saint Joseph, Macau, for their generous support.

目 录

导言　经济伦理与职业伦理：建立共同基础 / 1
第 1 章　尽职调查 / 13
第 2 章　在全球化和数字化的环境中运营 / 25
第 3 章　智慧决策 / 37
第 4 章　直面腐败 / 51
第 5 章　理解环保问题 / 63
第 6 章　建筑与工程伦理 / 73
第 7 章　儒家伦理与创业 / 85
第 8 章　辅助原则 / 93
术语 / 107

CONTENTS

BUSINESS AND PROFESSIONAL ETHICS: TOWARD A COMMON GROUND / 115

CHAPTER 1 DUE DILIGENCE / 131

CHAPTER 2 OPERATING IN A GLOBALIZED AND DIGITALIZED WORLD / 147

CHAPTER 3 MAKING WISE DECISIONS / 161

CHAPTER 4 DEALING WITH THE PRESSURES OF CORRUPTION / 177

CHAPTER 5 MAKING SENSE OF ENVIRONMENTAL QUESTIONS / 193

CHAPTER 6 ETHICAL ENGINEERING AND CONSTRUCTION / 205

CHAPTER 7 CONFUCIAN ETHICS AND ENTREPRENEURSHIP / 219

CHAPTER 8 THE PRINCIPLE OF SUBSIDIARITY / 229

GLOSSARY / 245

REFERENCES / 255

导 言

经济伦理与职业伦理：建立共同基础

职业的概念

广义的职业包括以下要素：

以获取报酬为目的或自愿从事的职位或工作。

要求具有一套特定技能、培训或经验的职位或工作。

依据伦理原则和伦理标准从事的职位或工作。

有利于增进公共利益的职位或工作。

劳动者在实践中对行为和责任拥有个人信念的职位和工作。

与寻求共同标准和理想的其他专业人员分工合作的职位和工作。

在某种程度上对公众负有责任的职位和工作。

在这种宽泛意义上，一个创业者的职位或工作是一种职业。医药、法律、教育和其他正式职业对职业有一个更狭义——也更传统——的理解。这些职业已经形成了共同的伦理标准、共同的技能、培训和经验标准以及共同的协会（职业标准委员会，日期不详）。创业在我们的世界里历史悠久，但并非始终被视为一种职业。如今，负责任的创业者正在寻求职业地位，职业创业者可以从这些早已确立的职业中借鉴学习。在本篇中，我们将共同探索商业和职业的伦理趋同性。

什么是职业教育?

顾名思义，职业教育是旨在将学习者培养成为专业工作者即各类公认职业从业者的专门教育。英文中“Profession（职业）”一词最初是指为了成为一个宗教团体的成员而发出某些誓言的过程。在宗教改革后的欧洲和英属北美，该词含义被世俗化了，并被用于三个博学的职业：神学、法学和医学，它们各自都是提供“职业教育”的大学课程。专业人员是指受到“召唤”，为了响应“召唤”而接受适当培训，让自己具备专业知识和技能的人员。随着大学教育的发展，职业教育也变得越来越以科学为基础。随着相关科学的进一步发展，必要的知识和技能也在不断提升。

因此，职业教育具有职业针对性，一般在研究型大学内进行，以确保专业人员的培训可以反映出与这些职业最佳实践发展相关学科的最新进展。专业知识是以学科为基础的，因此，它不断对进一步的调查研究开放，并且通过让你就读大学课程而获得同它接近的最佳途径，这一假设是现代职业的一个标志，它将现代职业与公会、同业公会、工会及其他具有历史意义的劳工协会组织区分开来。职业精神无疑是人们自称的职业状态中的最佳状态。专业人员所受的教育是将自己视为同仁而不是雇员，既忠于自己的职业身份，又忠于雇佣他们的机构。

随着知识和技能的发展，界定职业的专业知识或专业工作领域继续与众不同，并显示出其社会效用。所以，职业的范围尚未有明确的界定。因此，如果我们在过于狭窄的范围内定义职业和职业教育，那么职业就只包括法律、医药和教育等传统领域的娴熟服务性事业。如果我们过于宽泛地界定，那它就会无所不包，如包括要求从业者掌握特定技能的美容工作。在现代或“世俗”模式的社会中，职业是在隐含的社会契约范围内界定的。职业在不同程度上通过（经政府认定的）职业协会进行自我管理，这些职业协会执行明确的入会（如：律师资格考试）和退会（如：渎职律师职业资格取消程序）规则。隐含的社会契约保证职业自治，或很大程度的自治，以此为条件让专业人员坚守服务社会或公共利益的理想或伦理规范。其他的职业活动会具有一种职业的所有或部分传统特征。我们的理解是，创业精神是可以教会的，而且它具有职业伦理，这表明负责任的创业者应接受正式和非正式的职业伦理培训。

职业伦理的作用是什么？

正是因为社会（和政府）赋予职业以那种程度的自治，所以职业必须自我管理/约束，因而必须有如此行事的道德界限。因此，所有职业协会都会重点强调职业伦理，并会在职业协会的章程文件中突出体现伦理规范。的确，正是职业协会（对“更高召唤”的）道德承诺的普遍公认优势，使职业协会得以实现自主管理。专业知识和技能应该如何受到向公众提供服务的专业人员自愿协会的管控，要求伦理反思，并被称为“职业伦理”。这里的假设是：“专业人员能够在普通大众因未获得必要知识技能而无法做到的情况下作出判断，运用技能，采取明智决策。”不论成效有多显著，通识教育都无法让普通人在专业工作中作出明智决策。同样，这些决策可以说超出了政府监管机构的能力范围。虽然职业教育和通识教育有着共同的道德设定，但专业人员所掌握的专业知识和技能使他们有别于普通公民。如果说还有什么区别的话，那就是赋予专业人员及其协会的特权意味着公众理所当然地期待他们展示出高于公民标准的道德领导力。

对几个例子进行简单思考后我们就可以看出公共道德（对所有公民的最低要求）和职业伦理的区别。一般情况下，人们都认为谋生权是所有人都享有的一项经济权利。在市场经济中，理论上并没有市场准入门槛。如果一位创业者要创办一家企业，这名创业者不需要拥有工商管理硕士学位，也不需要成为某个职业协会信誉良好的会员。当然，这名创业者必须遵守国家关于企业注册和经营成果核算的任何法规，但这名创业者并不需要具备专业人员应具备的专业知识和技能，也不需要通过接受正式培训或加入职业组织获得专业知识和技能资格认证。只要制定好一份商业计划书，能动用所需资本并且满足国家对于企业注册的规定，创业者就可以随时创办一家企业。

然而，满足一个企业尤其在其市场开始蓬勃发展的情况下必然面对的问责制要求，会导致负责任的创业者走向两种结果：第一，创业者会聘用专业人员——例如会计师或律师——的服务，他们有必要的专业知识和技能，能够帮助创业者不仅符合法律，而且符合各利益相关方的期待。第二，负责任的创业者会理解，在较宽泛的意义上，创业就是一种职业。经济伦理可以为创业者界定标准和最佳实践，但经济伦理并没有像会计伦理或律师职业伦理那样在职业伦理规范中被奉为神圣，并被职业协会所奉行。商业方法和经济伦理是可以传授的，相应的证书也可以发放，尽管没有接受培训的具体责任——创业者可以在工作进程中学习。负责任的创业者可以为公共利益服务，尽管其方式不同于医生或会计师。

解决创业者和专业人员所面对的伦理挑战的基本原则

创业者和专业人员伦理教育的核心在于四大原则。这四大原则分别是（1）人格尊严原则（2）公共利益原则（3）辅助原则；和（4）团结原则。“人格尊严”之说众所周知，但也有必要对另外三项原则给予某种定义。促进全人发展部门出版的手册《企业领导人的使命》（促进全人发展部门，2018）清楚介绍了这四大原则及其之间的相互关系。

公共利益不是一个社会实体中各主体特定利益的简单相加。公共利益之所以是公共的，因为它不可分割，因为只有大家在一起才有可能实现和增进公共利益，维护其有效性。公共利益是一些社会条件的总和，这些社会条件让人们无论作为团体还是作为个人都能够更充分、更容易地实现。虽然公共利益人人有责，但实现公共利益是国家的具体责任，也是国家形成的目的所在。

第三项原则——“辅助原则”为前两项原则的实施确立了规则。辅助原则的前提是，社会阶级的构成不仅包括个人和国家，还包括由中间社会群体（以家庭为最小单位）构成的公民社会，这些中间社会群体是最先形成的关系，它们的形成源于公民的个人创造力。主要难点在于理解个人、家庭以及社会生活在其中展开的那些公共和私人自发组织应如何协调合作，共同提高人格尊严，增进公共利益。辅助原则断言，所有上层社会必须对下层社会采取援助（“辅助”）的态度，即支持、促进和发展的态度。

“团结”是对我们所说的相互依存这一事实的标准反应。团结既是一种社会原则，也是一种美德，两者皆以实现公共利益为目标。

商业教育和职业教育不允许过分强调个人。公共利益要求牺牲和自律，尤其在于规训个人野心，以确保每个人的理想都得到同等尊重。如果要让公共利益真正成为所有人共享的利益，这四项相互关联的原则的制定恰恰指明了培养必要习惯的道路。

树立负责任创业者职业伦理

本节的讨论要点适用于企业创业者，也同样适用于其他专业人员，还可以拓展为所有职业中的伦理反思模型。

在对职业伦理所有有用模型有影响的原则当中，我们想起了以真正优良的商品和以团结精神下不忘贫困和弱势群体需求的真正服务来满足世界之所需的原则；想起了以尊重人格尊严的方式组织企业内部工作的原则；想起了培养首创精神，提升被视为“联合创业者”的员工的能力的辅助原则；以及最后，想起了可持续财富创造，及其在各利益相关方之间公平分配的原则。可以使用的方法很简单，即：“观察、判断、行动”。

首先，在“观察”中，我们会发现影响当今商业和职业活动的四个关键因素，它们挑战了想要行使领导责任的愿望。前三个因素分别是：（1）全球化；（2）新通信技术；和（3）经济金融化。第四个因素，文化变迁——尤其是个人主义带来的挑战以及伴随而来的相对主义和功利主义道德体系——无疑会对负责任的专业人员和创业者造成最大的危险。

其次，在“判断”中，我们会依据伦理原则得出结论。创业者和专业人员会支持的相互依存活动包括：（1）通过创造、开发和生产商品与服务满足人类的真正需求；（2）组织出色的生产性工作；（3）以可持续的方式利用资源创造和共享财富和繁荣。负责任的创业者和专业人员作出的判断表明了辅助原则和发展商业组织、制定商业政策以及践行符合人格尊严和公共利益所要求的管理风格的相关性。

在作出判断时，负责任的创业者和专业人员不能忽视一个事实，那就是企业是人类个人的工作，他们的共同努力必定会从物质和精神方面改变他们的生活。这一认知开启了负责任领导的前景，创业者和专业人员会被激发起来，超越传统目标而思考组织能吸引所有参与者热情支持的人类企业的问题。

在观察和作出判断后，我们就要开始“行动”。最后这一步的重点在于企业、专业领导者机遇与挑战的被赋予性。作为领导的创业者和专业人员既涉及接受别人的赋予，也涉及给予他人以赋予。在这样的语境下，赋予意味着确立某人的企业和专业工作有一套培养人们综合发展的行为方向。这就需要满足具有以下实践和政策的组织的要求，这些实践和政策会促进：个人责任、创新、合理定价、公平补偿、人性化职务设计、负责任的环保举措、社会投资与社会责任（或伦理）投资以及一系列其他事宜，如雇佣、解雇、董事会治理、员工培训和供应商关系。在组织内部形成最佳实践必然会有助于以同样的态度解决更大的问题，如国际法规、反腐举措、透明度、纳税政策、环保标准和劳动标准。负责任的创业者和专业人员有机会利用其个人和集体影响力，维护人格尊严，增进公共利益，而不仅仅是促进特定利益相关者的狭隘利益。

企业和创业日益专业化的标志之一是现在全球有成千上万家高等教育机构开设了商业课程。一个重要目标是将适用于特定类型创业者的职业伦理培训纳入商业课程。伦理是商业不可或缺的一部分，并不是可有可无的。同样，正如对于各种形式的通识教育一样，伦理对于商业教育也是必不可少的（De Bettignies，2006）。

服务于公共利益的职业教育和职业伦理

我们必须找到一种方法重建普通人对于专业知识、良好意图和良好专业实践实际成果的信任。对于良好专业实践的要求不仅适用于传统职业，也适用于创业者。这种方法的第一步是要承认存在一个问题，一个尚未被充分理解，但却无疑反映了社会各个层面在人格尊严、公共利益方面所承担义务有所退化的合法性危机。

任何步骤，无论多么微不足道，都有助于培养负责任的创业者和专业人员。澳门圣若瑟大学远程教育中心就是这样的一个例子，该中心的使命是成人教育，面向已超过上学年龄或从未有机会在学校和综合性大学接受过正规教育的商界和专业人士。重点关注商界和专业人士（无论如何界定）所关心的具体问题，将有助于提升公众对于伦理和教育的兴趣，并使之更加切合实际。

职业伦理的明显丧失，被广泛理解为普通人对声称拥有专业知识和管理他们的权威的精英阶层作出反抗的一种主要表现。要建立起一个公正、诚信和有效的商业环境，就必须坚定地重新发现所有人都应该对公共利益应作出的基本承诺，这其中就隐含着对每个人尊严的基本尊重，不论其对整个社会的贡献有多么的微不足道。

备注

本书导言中的部分概念，罗世范教授已在香港中文大学举行的一次研讨会上做了详尽阐述（罗世范，2018）。

第 1 章

尽职调查

“尽职调查”是指在双方签订协议前，以审慎或尽力的态度，利用专业技能对企业展开的调查（Chen，2021）。在本章中，我们将重点介绍尽职调查，它适用于对企业有投资意向的投资者或债权人，也由这些投资者或债权人来实施。当投资者或其他潜在签约人实施尽职调查时，他们会用各种专业技能来完成这项任务。这些专业技能的每一项都以尽职调查员的职业伦理为基础。

在企业发展过程中的某个阶段，负责任的创业者会需要额外的资金。这资金通常用于扩大企业。创业者会寻求额外资本来作为投资人注资，或从供应商处获取额外资金。有时候，创业者也许会通过要求供应商扩大业务来间接寻求资本，从而实现本公司业务拓展。同意支持一家自身努力建设成功的企业的投资者、供应商或债权人都将要承担一定程度的财务风险。为了保护投资，投资者或借贷人有权要求企业诚实披露公司的详细状况。

尽职调查通常由潜在投资者、债权人甚至是供应商实施。但是尽职调查为了对情况有清晰的了解，而由创业者自身进行，这种尽职调查有时被称为“卖方尽职调查”。

要建立成功而持久的业务关系，诚实乃最佳方针。当然，从伦理角度考虑，诚实是一个关键德行。此外，它在长期会带来最优结果。诚实保护你免受诱惑而故意隐瞒信息或提供虚假信息。真实信息尽管会令人难堪，但必须提供。最终，每个人都会珍视诚实。

在商业中，尤其在创业中，培养信任是至关重要的。毫无疑问，热情和乐观是成功创业者应具备的良好品质，但要赢得他人的信任，诚实也是创业者必须具备的品质。这样，你就不会在诱惑的驱使下夸大其词，甚至欺骗潜在投资者。不诚实必然产生不良后果，会导致你经营失败。谨记一点，责任型创业主要是就责任而言。满足支持企业创办和发展的各方的需求，尊重他们的权利，这就是创业者负责任的一种表现。创业可以并且应该始终维持一种双赢的局面。

门明院长

对外经济贸易大学远程教育学院的门明院长接受了以责任型创业为主题的采访。门院长在采访中提到不仅要考虑投资者，还要将客户、当地社区群体、环境和所有其他利益相关方纳入考虑范畴。部分人与你的企业存在经济利益关系，其余各方则与你的企业存在非经济利益关系，这种非经济利益关系也同样需要重视。门院长进一步谈到，这种责任需要得到的是长期而非短期的关注。

门院长引用了一项针对巴林银行的案例分析，巴林银行已经成为商业和道德间关系的典型案例。尽管巴林银行拥有逾两百年的悠久历史，但银行内部“不负责任和欺诈”的氛围让银行蒙受了巨大损失，巴林银行最终也因此以倒闭收场（Tayari & Seng，日期未注明）。记住，一家如此知名的银行都有可能会遭受这般灭顶之灾，更何况是初创企业。商业决策是现实的，有现实的后果。

尽职调查针对的并不仅仅是企业的财务状况。门院长提醒我们，尽职调查还涉及许多其他方面。企划书很重要。关键合伙人或员工团队、当前和未来的市场、企业的合法合规等都很重要。这些因素再加上其他一些因素都将是尽职调查的一部分。

尽职调查也是责任型创业者的重要一步。创业者有时候会因忙于企业的创办和经营而忽略了原来的商业计划。尽职调查为责任型创业者提供了一个机会，让他们可以认真地审视自己的企业。

透明的重要性

当尽职调查开始时，不要以为潜在投资者或借贷人了解你的企业。做好从头开始的准备，清楚阐明你的创业理念，以及它的结果如何。你为何创立这样的企业？企业属于哪一行业或哪个领域？你的公司如何构成？你提供什么样的服务产品？你的目标、程序和关键绩效指标是什么？在响应尽职调查时，应以简单明了的形式提供必要信息。

市场份额

在你对企业进行简单介绍后，潜在借贷人或投资者往往会要求你提供更多的详细信息。其中一项值得注意的信息就是市场份额。

在撰写企划书时，你会考虑过当前的市场状况、客户的购买行为、所有市场准入门槛以及企业的预期市场份额。既然接受尽职调查的时间已经到了，你就要诚实地更新你的信息，以了解企业当前的市场份额和未来的市场份额预测。或许企业所提供的产品或服务已经改变了市场。企业当前的市场份额是多少？对企业市场份额的合理预测是多少？是否能向潜在投资者展示企业的产品？

作为实例，宾利系统亚洲业务高级副总裁穆倪艾先生可以告诉我们在考虑收购一家小型企业时，他们是如何实施尽职调查的（穆倪艾，2014）。穆倪艾先生向我们展示，尽职调查涉及诸多方面，其中包括会计和财务状况、技术水平、知识产权、员工的技能和市场。据穆倪艾先生介绍，尽职调查的调查范围还包括企业采用的流程和企业的合规性。投资方需要依据充足的信息方可做出正确的投资或收购决策。

管理团队

市场份额将包括企业团队在助力企业发展方面所具备的潜在技能。责任型创业者会选择工作能力出色且值得信赖的员工。员工的培训经历和工作经验将有助于说明发展潜力。聘请和留住优秀员工是提升企业市场份额的一部分。

竞争是创业者经验的一个重要方面。责任型创业者会认真研究竞争对手。在确定市场时，必须确定竞争对手。竞争对手可能会提供与本公司相同的产品或服务，也有可能提供不同于本公司的产品或服务，但与本公司的产品或服务存在竞争关系的替代品。然后，你就可以确定企业的“竞争优势”。企业的优势或卖点可能体现在产品或服务上，也有可能体现在其他相关方面，如地理位置。在接受尽职调查时，必须确保所有这些信息的透明性。

营销策略

企划书中的一项重要元素应该是市场策略。在投资者或借贷人试图对企业进行审查时，企业的营销策略将会是他们的重点审查对象。你需要在企划书中明确当前市场以及市场迄今为止的发展历程。未来发展计划必须切乎实际，而不是对未来的美好空想。要开发新客户，企业可能需要投入大笔资金，你需要对自己以及他人坦陈可能会产生的成本。每个市场的具体情况都不一样，你必须确定在本企业所属市场中产生的实际成本。

营销并不仅仅指开发新客户，还包括维持现有客户的忠诚度。现有客户，尤其是老客户，具有重要价值，他们可能会成为企业的最佳“代言人”。投资者或借贷人会希望了解老客户所占的比例，以及企业留住老客户的具体策略。回扣和其他折扣优惠是企业维持客户忠诚度的惯用方法，但这种方法成本高昂。例如，如果企业为了获取新客户的订单，为新客户提供比现有客户更低的折扣，那么这就会严重影响现有客户的忠诚度。投资者希望责任型创业者可以谨慎制定营销策略，对营销策略有深入的了解。

品牌也是企划书以及营销策略的重要组成部分。品牌好比企业的脸面，代表着客户和大众对企业的认知印象。品牌有助于客户和大众区分本公司的产品服务与竞争对手的产品服务。潜在投资者或借贷人会认真审查企业是否已经有明确建立的品牌以及企业是否可以给予自身品牌以法律保护。市场是一个动态的环境，不会一成不变，因此，企业必须制定相关流程管理客户和大众对企业品牌认知印象的变化。

法律审查

在一个企业的早期阶段，创业者很容易忽视企业的法律框架。但如果自企业成立之初起，就没有重视法律框架的构建，创业者则必须迅速而认真地纠正这一疏忽。

合规性是法律审查的其中一个方面。中国制定了从国家层面到地方层面的法律法规。责任型创业者应确保企业完全符合现行的法律法规。此外，法律法规也不是一成不变的，因此，创业者需要制定相应策略，顺应法律法规的变化。如近年来，国家就迅速健全完善了客户权益保护和环境保护的相关法律法规。

除法律法规外，所有创业者都需要熟悉企业所属领域的相关政策。政策合规性只是法律审查的其中一个方面。在政府的支持下，政策还可能会为市场或生产工作创造新的机会。因此，在进行尽职调查时，潜在投资者或借贷人不仅会调查企业是否合乎政策规定，还会了解企业是否能够抓住新政策带来的机遇。

许多创业者都会开发新产品或新工艺，并将其引入市场。有时为了开发新产品或新工艺，企业需要寻求投资或贷款。法律审查工作之一就是确保企业的所有知识产权都能得到商标、版权、设计和专利法规的合理的保护。同时，创业者还需要了解其新开发的产品或工艺可能存在侵犯他人知识产权的风险。如有潜在的侵权纠纷，企业需要在信息披露中予以说明。

要将产品或服务引入市场，创业者需要一系列的合同。有些合同是与供应商签订的，创业者需与供应商签订有保障的合同，合同所列的价格和质量条款应清楚准确。整体的供应链很重要。反过来，创业者也是供应商，销售合同也需要清楚精确的定价和质量条款。在与供应商和客户建立业务关系的过程中，企业必须确认潜在风险，提供最佳实践合同文件。

就业法规也是法律审查的重要部分。在人际关系领域，法律和最佳实践会有重叠。责任型创业者要了解一点，人非商品。雇主对员工负有的法定义务包括尊重员工的尊严，关注每位员工的个人情况。虽然员工的价值难以量化计算，但企业的最佳员工可能就是企业价值最高的资产。

财务信息披露

财务信息透明化披露是尽职调查的关键一环。这是责任型创业者的一个机会，来表明他们真的了解他们自己的财务状况。创业者必须真的了解其企业的财务状况。因此，创业者必须熟悉企业的资产负债表、收支表和现金流量表。往期预算也很重要：如存在企业不符合往期预算或往期预算超支的情况，创业者需要了解其中原因。企业未来的预算或目标也是潜在投资者或借贷人的重要考量因素。没有投资者或借贷人会愿意将资金投入到财务管理不善的企业当中。

企业需要在尽职调查中说明企业过去和当前的所有权情况。可能会存在以前的投资者在企业占股的情况。有些占股投资者可能不会参与企业的日常管理，但原有投资者和新投资者或借贷人的权益均需顾及，不可顾此失彼。

财务信息披露也包括披露企业的纳税情况。责任型创业者应当熟悉企业应缴纳的各种税金，了解企业税款缴纳的最新情况。所有投资者和借贷人都不希望突然发现其所资助的企业存在拖欠税款的情况。拖欠税款就表明企业管理不善。如果企业与税务机关在税金核定的问题上存在争议，需要在财务信息披露中清楚说明。

尽职调查并非走过场

问题可能会在潜在投资者或借贷人已经决定注资后出现。由于尽职调查员知道结果已经确定，他们就可能不会那么认真地实施尽职调查。而创业者和潜在投资者或借贷人都需要尽职调查员认真实施调查，帮助他们排查隐患，确保一切透明化。

相较内部人员，委托外部专业人士实施尽职调查可能是一种更好的选择。外部专业人士可以独立展开调查，并且具备良好的道德和专业素质。创业者需要根据企业类型聘请多名专业人士共同实施尽职调查。查账的最佳人选可以是会计师。但不要指望会计师也是知识产权方面的专家。请准备好为企业的状况聘请合适的专业人士：会计师、工程师、律师、专利律师和其他专业人士都会派上大用场的。

尽职调查带来好处

准备尽职调查需要投入大量的时间和精力。但这种时间和精力的投入也会让责任型创业者受益。通过实施各个步骤，创业者可以更好地了解企业状况。即便意向中的投资或贷款最终没有发生，创业者也不必为此感到失望，因为企业会在未来得到更好的发展。格里菲斯大学和新南威尔士大学开展的一项研究发现，许多创业者并不知道如何进行尽职调查，或并没有积极地参与尽职调查（Frazer et al.，2015）。

责任型创业者应时刻遵守伦理规范。尽职调查要求创业者具备特定的道德素质，诚信和透明就是创业者应当具备的道德素质。

第1章　问题研究

“尽职调查”意味着什么?

责任型创业者可能会在什么时候面临“尽职调查”？

"尽职调查"与企划书有何关系?

第1章　练习

在过去五年，创业者彼得一直在为创办自己的企业努力工作。彼得创办了一家成功的企业，一位买家有意收购他的企业。彼得很享受创业所带来的挑战，他愿意出售他所创办的企业，这样他才可以开始新一轮的创业。彼得正在为企业出售做准备，他准备好文件资料，以便应对买方可能要求的尽职调查。由于彼得一直忙于企业业务，并未过多关注企业的文件资料，因此，尽职调查的准备工作对于彼得而言并不简单。在创办企业时，彼得向一位朋友借了一笔钱。因借款文件遗失，对于借款和还款的细节，彼得和他的朋友各执一词。现在，彼得的这位朋友要求彼得以企业的部分股份还债。作为一名责任型创业者，彼得在准备出售企业时必须做些什么?

第 2 章
在全球化和数字化的环境中运营

我们身居一个全球化的世界。要访问本书配套的慕课课程，您必须要有一台电脑或手机并将这台电脑或手机连接网络，这样您就成为万维网的用户之一。您所使用的科技设备的生产研发可能源自许多不同的国家：手机或电脑的零部件可能是由不同的国家制造的，然后再在另一个国家进行组装。手机或电脑的软件可能也是在不同的国家研发和安装的。网上购物时，您所购买的商品在经过一个复杂的物流运输过程后，会准确地送达您所要求的地址。您可能会网上付款，网上支付已成为全球化进程中又一个快速发展的领域。

我们几乎不可能再回到过去那个本土化的时代。近期爆发的新冠肺炎疫情让我们对科技的依赖程度达到前所未有的水平。依赖于互联网的不仅仅是大型跨国企业，就连当地的面馆都开始网上接单并安排送餐上门。当地面馆的老板也成为一名互联网企业家，与世界各地的企业家一样，通过不断深化企业的数字化程度，努力将业务范围扩大到世界最偏远的地方。作为一位有责任心的创业者，你应该参与其中。

全球化和数字化的影响

数年前，中国公司阿里巴巴在纽约交易所挂牌上市，筹资 250 亿美元（Dai，2014）。阿里巴巴的这次上市成为全球规模最大的首次公开募股（IPO）。参与此次 IPO 交易的投资方来自世界各地，数字化技术将这些来自世界各地的投资方联系在一起。整场交易都在网上进行，因此，并不需要有人去清点 250 亿美元的纸币。

中国的企业在许多方面都开辟出了新的局面。自改革开放以来，中国的国有企业（SOE）和私营企业纷纷实现转型，迅速走向全球化，走在科技发展的前沿。

身处全球化新时代的中国正在建设规模庞大，涉及广泛的“一带一路”。中国经济与全球经济之间的联系更加紧密，中国经济所处的环境也更加多样化。通过陆地路线和海上航道，“一带一路”为中国企业以及外国合作企业共同打造 21 世纪商业格局创造了契机。

伦理与责任型创业者

快速的变化促使我们更加深入地思考改革的本质。改革的社会和文化理念是什么？新企业和企业改革后的核心价值观和伦理准则是什么？责任型创业者并不是在与世隔绝的环境中工作生活。创业者必须留意政府的社会和政治背景。创业者要了解促使政策变动的社会原因，与包括政府在内的所有利益相关方实现一种双赢的局面。责任型创业者还必须留意新科技和新做法不断带来的新伦理挑战。

工作场所安全、员工健康与隐私、工作保障、垃圾处理和环境可持续性等伦理义务可能会被赋予新的含义。责任型创业者还必须了解自己的价值观并始终坚守这一价值观。在不断变化的市场环境中，坚守不变的道德准则将会成为一种优势。

生于奥地利的彼得·德鲁克（Peter Drucker）被誉为“管理学之父”。德鲁克认为，企业的基本原则就是为建造一个能更好运转的社会做出贡献，为客户、因而也为社会创造价值（德鲁克，2003)。德鲁克表示，管理必须具有社会建设性和伦理主动性。那么，企业可以成为一股积极力量吗？责任型创业者正是让企业成为积极力量的推力之一。

在全球化之下，责任型创业者要树立本土化的价值观，也要树立全球化的价值观。在中国，我们见证了社会主义框架和资本主义企业管理、企业文化相互融合。中国经历了一段国有企业改革期，在这一时期，原本的国有企业变成了半国有半私营企业。这就造成了一种前所未有的情况——一些创业者价值观沦丧，榨取或操控公共资源来满足个人与私人利益。虽然后来有了更加完善的规则法规，但有些企业家依然保留着罔顾和规避法纪的恶习。要改变这种情况就需要重新树立起有力的共同价值观。在中国以外的其他国家，责任型创业者肯定得与既不认同社会主义价值观，也不认同资本主义价值观的企业打交道。全球各地有着不同的伦理准则，责任型创业者可能还会需要与遵循伊斯兰伦理准则或其他传统伦理制度的企业打交道。

人力资源（HR）领域存在着诸多挑战。克里丝汀·莱博士与我们分享了其在银行和教育领域的宝贵经验（Lai，2014）。莱博士告诉我们，立足于人和领导层人的行为举止的伦理对取得成功的意义极其重大。莱博士还告诉我们，道德观是需要长期维持稳定不变的，不只是短期的、一时的。在组织内部自上而下体现的稳定价值观实际上是企业的一种竞争优势。相反，伦理失范则会给组织带来危害。

在这个数字化的世界里，许多直接的人际交流现在正被数字化交流所取代。人们开始强调在家办公，这就造成了人与人之间的距离。VooV Meeting（腾讯会议国际版）等数字化会议平台的使用正变得越来越普及。责任型创业者要适应新局面，即便在借助数字化技术与人沟通交流的情况下，也要坚守不变的伦理观。即使我们只能借助数字化技术联系交流，但我们还是我们。由于我们所处的环境处于不断变化之中，因此也需要不时修订和重新制定载入职业守则或企业规范的伦理观。

人力资源领域存在的另一种挑战是不同国家之间行事方式的差异。“一带一路”倡议让中国一些此前未曾开展海外业务的企业得以在其他国家开展业务。在就业惯例和做法、就业法、安全、培训以及管理风格方面，这些企业遇到了新的挑战。在跨国经营的情况下坚守企业的道德观是一项有着重要意义却极具挑战性的任务。

三重底线

莱博士发现“三重底线”的比喻非常有用。当然，我们对其中一重“底线”已经非常熟悉了。这是衡量盈亏的财务底线。它至关重要。即便是信用社等社会性企业和社区的小额贷款金融机构也需要关注本机构的盈亏状况。但“三重底线”还有另外两重底线。第二重底线衡量的是社会责任，第三重底线衡量的是环境责任（Slaper & Hall，2011）。在实际操作中，第二重和第三重底线更加难以衡量。但是，正如财务报告在过去几个世纪朝着专业化方向发展那样，社会责任和环境报告也变得更加详细和准确（Elkington，2018）。

客户实践具有全球复杂性。客户显示出对产品涉及的社会起源的关注，包括内容说明的真实性和安全性、以公平价格购买、原产地、消除奴隶劳动和其他类似劳动条件、保护当地传统产业。客户还会显示出对制造过程所用资源的可持续性，对技术的环境影响和大规模生产的环境影响的关注。

如今，我们不仅看到了重大金融欺诈，还看到了制造假冒产品，加贴假冒标签的社会欺诈，以及非法倾倒垃圾的环保欺诈。环保欺诈还催生了一个新词——“洗绿”。这个词和以前的“洗白”一词相仿，指的是不道德地将产品和工序描述为有益于环保，而事实上它们并不环保，或者是掩饰环境破坏行为的表面性环保项目。社会领域、环保领域专业评估和审查的逐步发展有助于揭露这些欺诈行为。“三重底线”对于责任型企业家而言就是一种有用的专业工具。

文化和创业

责任型创业者具备的美德之一就是谦卑。即便中国传统文化博大精深，要了解中国伦理规则和文化并非易事，但责任型创业者还是会希望了解中国的伦理规则和文化。虽然创业者会对现代社会主义伦理规则有一定程度的了解，但与此同时，中国传统文化中还有许多思想流派，其中儒家思想和道家思想等部分思想流派是在本土发展起来的，而佛教思想等其他思想流派则是从外国传入中国的。创业者需要有一定程度的谦卑之心才能承认自己并非无所不晓，还需要进一步学习，深入理解。

当今时代的全球化和数字化趋势给我们带来了新的挑战，这些挑战源于文化和伦理规则的差异。中国的现行政策鼓励企业家“向西行”（西部大开发）和“走出去”（全球化战略），这些政策如今也被列入“一带一路”倡议。在这些政策的带动下，企业家们接触到了他国不同的文化、伦理、历史和宗教观点。虽然性质在一定程度上与国际商务相同，但数字化技术的运用可能会掩饰其中的重要差异和要求。责任型创业者应对这些差异保持敏感，储备足够的知识，以便在出现意外问题时，能够进行良好的沟通。

鲜少有人精通多国的伦理和文化体制。郭小棠（Edmund Kwok）教授正致力于研究人类智慧（Kwok，2014）。郭小棠教授担心，即便是儒家思想等最初在农耕社会发展起来的重要传统在如今这个网络时代也需要进行重新诠释。但儒家思想等哲学思想也正在不断快速发展。企业家不能坐等哲学问题的解决，而是要把握一切机会开展业务。准确地说，创业者是当前这个适应过程中富有责任感的参与者。正如虚心地向工程、会计或法律等领域的专业人士请教那样，创业者也应虚心请教伦理、宗教、文化和历史领域的专业人士。总体而言，这会形成一种双赢的局面，让每个人都能从中受益。

视角与创业

在全球化的格局下经营企业的每一位创业者都具有成为一名专业人员的潜质。即便只是当地市场小型企业的创业者，实际上也是全球化格局中的一员。罗世力国际管理咨询有限公司 CEO 罗世范教授指出，在食品安全等领域出现的地方性伦理失范事件也会产生全球性的影响（罗世范，2014）。当时有关毒奶粉的新闻引发全球关注，对此我们都记忆犹新。此外，还有其他地方性伦理失范和违法事件被国际媒体报道。

大部分创业者对工作充满热忱。虽然这些创业者可能不会过多地考虑管理学理论或传统伦理准则，但他们确实把他们所坚守的价值观融入工作之中。尽管引领一家小型企业走向国际化和数字化极具挑战性，但有些创业者还是成功做到了这一点，有些创业者甚至还在疫情等危机期间让企业实现了国际化和数字化。对于这些创业者而言，危机之中暗藏商机。然而，工作繁忙的创业者当然想不到正确的价值观正在企业中得到贯彻：创业者能够明确表达出重要的价值观，坚守这些价值观并在困难的情况下践行这些价值观。这才是最终赢得客户和公众认可的价值观。如果客户和公众对创业者有信心，相信创业者是绝对专业的，那么双方就可以实现共赢。

企业需要从这种文化和伦理的视角看待问题。伦理并非是创业者的私事。一家工厂面临一家值得信赖的优秀供应商提出终止合作，不再向其供应物料的请求，这家工厂的老板对此感到十分意外。调查发现，该工厂的采购人员私下向该供应商索取回扣，并故意刁难供应商，从而对供应商施压。当然，工厂老板有权解雇这些伦理失范的员工。但这个案例也向我们证明，企业的伦理规则需要得到自上而下和自下而上的贯彻。在供应商遍布全球各地的情况下，对个别供应商进行追踪会难上加难，因此，在供应链的最远端贯彻创业者的伦理规则也就变得更加重要。

结　论

当今的世界是一个全球化和数字化的世界。随着我们的联系越来越紧密，这种趋势也会随之深化。全球各地的创业者面临着诸多机遇，并都做好把握这些机遇的准备。但道德失范的风险并未消除，并且会以更加复杂的新形式出现。在生活和工作中坚守价值观，您将会感受到我们这个时代的无限可能。

第 2 章　问题研究

什么是全球化？全球化对当今的商业世界产生了什么影响？

什么是数字化？数字化的特征和作用是什么？

什么是“三重底线”？“三重底线”的目的是什么？

作为一名责任型创业者，要在全球化和数字化的时代下经营企业，您会如何以切实可行的方式做好准备？

第 2 章　练习

贵公司与乌托邦国的某家矿业公司建立了一家合资企业。贵公司没有该合资企业的控股权，不过占了 15% 的股份。贵公司的工业生产依赖于这家合资企业所生产的矿石。社交媒体上未经证实的报道称，这家合资企业矿场的工人举行了罢工，抱怨拖欠工资。由于担心罢工会影响外国投资者的投资信心，乌托邦国政府禁止媒体对罢工事件进行报道。您向这家合资企业的经理发送邮件，询问详细情况。该经理回复邮件让您不必担心，情况尽在掌握之中。

此时，您应该怎么做？

第 3 章

智慧决策

引　言

本书各章都源于为第二个系列的“责任型创业”慕课所做的研究。本特定章节特别参考了盛迈堂教授在关于“智慧棱镜”（盛迈堂，2017）的研究中所进行的工作，“应用伦理学系列丛书”第二册《责任型创业：优质商业领袖与优质企业》（盛迈堂，2019）就已经与你们分享了“智慧棱镜”这一概念。本书将进一步深化这项研究，与大家分享从研究中得出的更多观点。

大至国际企业，小至地方企业，每一家企业的方方面面都需要创业者做出决定。责任型创业者每天都需要面对各种决定，有些决定关乎重大事宜，而另一些决定虽然同样具有必要性，但针对的可能只是琐碎的小问题。做出睿智决定是创业者制胜的关键之道。我们必须承认，我们有时会做出愚蠢的决定，这是会对我们产生负面影响的。正是因为其——好的或坏的——结果，我们的许多决定就有了一种道德维度。我们的决定在道德上影响我们自身或他人。因此，我们会尽力做出最佳决定——睿智决定。

当地的文化因素在如何决策中事关重大，但文化因素并不会影响决策的必要性。责任型创业者身处于一个文化多元的工作环境中，这就要求他们必须做出睿智的决定。责任型创业者会在以明智的方式利用本土文化和传统的同时，注意到其他业务相关人员的文化和传统。

什么是智慧？

智慧的概念与智慧的实践是无国界之分的。但是我们的世界不是千篇一律的。每一个人，每一种文化，每一个宗教或社会信念都有其对智慧的独特理解。这种理解兼具全球性和地方性。从全球性的角度看，我们明白我们共同居住在这同一个星球上。最近出现的新冠肺炎疫情跨越国界，席卷全球，警醒全球人类要团结一致，共抗疫情。从地方性的角度看，我们也了解地方性经验、地方性文化、共同宗教信仰和其他地方性差异的重要性。那么我们该如何理解智慧呢？切实可行的答案就是寻求共同基础，因而既包括地方维度也包括全球维度。我们可以理解，智慧渗透在全人之中，引导我们的知识、经验、行动朝着真与善的方向发展。在商业领域，智慧是正确决策的必要先决条件，因为它构成我们解释任何特定事态的基础。

一种智慧体验蕴含在丰富的中华文化中。“智慧”在汉语中的词源有两层含义。这个复合词中的第一个字“智”指的是实际思维能力，第二个字“慧”则指人类的洞察力或直觉。但是，这个复合词把两个字放在一起变成了一个整体。旨在正确解释显而易见信息的一种敏锐、实用的思维能力，与敏感的直觉相平衡，这种直觉目的在于发现并非显而易见或至少未被对事实的初步观察所证实的可能性和机会。

通过养成习惯，形成深思熟虑的行事方式，我们可以培养智慧。智慧并非偶然得来之物。中国人寻求智慧的经验包含诸多因素。有一条就是要求责任型创业者通过刻苦钻研和养成良好习惯开发自身的实际思维能力。责任型创业者可以钻研当代和早先时代伟大商业领袖的生平，以这些伟大的商业领袖为师。另一个因素要求责任型创业者学会反省。创业者留意自身（和他人）的经验，而不是不盲目地重犯错误。成为印度总统的科学家阿卜杜尔·卡拉姆（Abdul Kalam）博士有一句名言——“最好的老师就是上一次犯下的错误”。花在反思成败经验上的时间都是十分值得的。以写日记，与导师交谈，或与信得过的朋友进行有组织框架对话的方式进行自我反省，对于责任型创业者是有帮助的。

中欧国际工商学院（CEIBS）研究项目

盛迈堂博士是管理实践教授，专业方向是睿智领导力和企业治理，同时又在上海中欧国际工商学院主持一个研究项目（盛迈堂，2017，2013a）。该研究项目包括来自 20 个西方国家的 85 名企业高管和 96 名中国企业高管。其中大部分在商业组织的最高层工作，还包括创业者和企业所有者。

这项研究是如何进行的？受访者提供 18 000 个智慧术语，然后研究团队对其进行分析和测绘。举个例子，某跨国保险公司的副总裁将智慧描述为区分卓越成功决策与好决策的关键因素，而且也将高效领导者的决策和单纯经理人或老板的决策区分开来。然后，研究团队给最常使用的短语和概念分类。结果是一个有着五个不同方面的棱镜。这五个方面分别是：

- 自我意识
- 理性能力
- 直觉能力
- 人文素质
- 情绪稳定

据盛迈堂教授介绍，每个方面都描绘了一个特定的智慧品质。他说，这五个品质将智慧表现为一个整体。在实际中，具备这些品质的人就会有能力始终在商务和一般生活中做出智慧决策。

自我意识

一个有智慧的人便是一个有自我意识的人，他理解真实的自我。这种理解源自对自身思考和行为方式的意识。他人感知你的方式也可以是理解你自己的一面镜子。

一个有智慧的人意识到自己所受到的影响。从孩童时期起，我们就开始受他人影响，家人、朋友、老师和同事都会对我们产生影响。其中一些对我们产生影响的人可谓是智慧的化身，我们对这些人充满钦佩之情，并选择以他们为榜样。而其他人对我们的影响则并不那么明显，甚至有时会产生负面影响。回顾自己的过往，你会发现，那些你所钦佩之人拥有的良好习惯和高度自律就是对你的一种激励。

理性能力

理性能力同从事实中提取知识，并用数据做出预先计划好的决策有关。这就要求有分析能力和对细节费尽心血的关注。有智慧的人不会罔顾事实。他们会从事实出发。智者做出决定的第一步是挑选手头已有的信息，然后确定所需的更多信息，这是一个持续性的过程，无法一蹴而就。收集新信息后，更多的问题也会随之浮出水面，然后又需要获取更多信息来解答这些后续发现的问题。

演算无法取代人类的理性决策能力。你无法依赖计算机来决策。一种好的演算可以帮助我们更加快速便捷地做出某项决定，而这种演算需要由一个理性的人（或团队）设计出来。如计划利用计算机作为商业决策的辅助工具，那么您就需要清楚一点，演算的设计要服务于您的价值观和商业计划。

直觉能力

作为一名创业者，你很可能要在缺乏充分依据，甚至在没有支持性依据的情况下做出决定。这样你就需要利用直觉挖掘出未被预见的商机。人们曾引用创立酸奶品牌 Chobani 的土耳其企业家哈麦迪・乌鲁卡亚（Hamdi Ulukaya）所说的一段话来说明直觉与创业之间的关系：

“我们一直信赖我们的直觉以及直接来自顾客的信息。我们从未做过研究。我们也从未做过市场调研。那是我作为创业者深信的东西。你需要的不只是看见地面上的一棵小树，还必须能够看到隐藏在地面下的那颗种子。我们必须在别人没有察觉之前抓住商机。”（Fifield，2013 年 4 月 9 日）

乌鲁卡亚在美国创立希腊酸奶品牌 Chobani 的决定几乎全凭直觉。当时，希腊酸奶在整个酸奶市场的占有率仅为 1%。乌鲁卡亚对其产品的纯正性充满信心，真诚地希望让更多人品尝到他在土耳其东部从小喝到大的希腊酸奶。如今，Chobani 已成为美国酸奶市场的领军品牌之一，并且远销海外。

2009 年，中国企业高和资本的创立人苏鑫先生在他 40 岁时收购了上海凯德华玺地产的商业项目，以此开启其创业之路。当时，苏先生认为人们低估了商业地产的价值，并开始从事实中寻求依据证明自己的判断。在建立其商业模式之前，苏先生对凯德华玺的投资其实是一个随意的选择，他说：“这项投资完全不像教科书里教的那样：先找到方向，再决定需要什么样的资源。现实并不像教科书里写的那样完美。”（盛迈堂，2013b）

上面介绍的两位创业者向我们展示了直觉的威力。但是，这些成功案例无法说明凭直觉做出的每一个决定都必定会取得成功。在进入酸奶市场前，乌鲁卡亚先生就已经创立了一个成功的奶酪品牌。在开启创业之路前，苏鑫先生曾在某领先的办公楼宇开发企业担任首席运营官，拥有丰富的经验。每一位责任型创业者的直觉都应建立在其经验和思考模式之上。因此，即便直觉认为某项措施可行，通过可行性研究、小规模投资或依据核查来验证这项措施的可行性方为明智之举。谨记一点，“智慧棱镜”的原理是棱镜的五个方面共同折射出睿智的商业决定。

直觉洞见的核心意义在于培养智慧的能力，这种能力可以让我们看清表象下的实际情况。

人文素质

哈麦迪·乌鲁卡亚认为良好的做法最终必定会获利。他曾说过：“从长远来看，以正确的方式行事总能为我们带来回报”（Hessekiel，2020）。智慧和善意是相互依存的。一个智慧的决定是一个好的决定。有智慧之人亦是一个好人。智慧棱镜的第四个维度人文素质描述了善是如何衡量的，它是针对谁的，以及为何它在企业领导和创业中很重要。

你的品质界定了你。他人借助你的品质来辨认你。拥有好品质在一定程度上意味着拥有并且坚守在伦理上始终不变的价值观和道德原则。中欧国际工商学院研究项目的大部分受访高管和创业者都明确强调了价值观和道德原则作为智慧商业决策基础的重要性。来自印度的两位学者哈尔蒂普·辛格（Hardeep Singh）和比克拉姆·包尔·辛格（Bikram Pal Singh）对他们的研究结果总结如下：“为了行业、员工、客户和社会的利益，企业必须在伦理价值观和经济伦理的支持下坚守最高行为标准”（Singh，2012）。

如果你正在考虑是否创办一家企业，或者你正身居要职，不妨花些时间反思一下自己的品质，并考虑品质对以下方面的影响：企业的创办、企业策略的制定与实施、企业文化的构建、重点细分行业或产品的选择、身边顾问和关系网的选择。

好品质自然是以人为本的。我们的价值观和道德原则与他人有着直接的联系。请每隔一段时间就思考一下这个问题作为一种练习——“当我做出影响他人的决策时，我将成为什么样的人”，让自己时刻谨记自己决策的重要性。

我们会成为怎样的人，或者说我们会形成怎样的品质，取决于我们对待他人的方式。这种意思的一种表达方式在“黄金法则”内。在中国古代哲学中，子贡问了这样的问题：“有一言而可以终身行之者乎？”子曰：“其恕乎！己所不欲，勿施于人”（Leys，1997）。孔子所说的“己所不欲，勿施于人”不仅是个人发展的基础，也是建立关系的正确方式以及决策的通用参考要点。在“智慧棱镜”的体系中，这也正是人文素质的意义所在。在企业业务拓展至海外后，我们就会发现许多文化和宗教都有着类似于“己所不欲，勿施于人”的原则，因此，这一原则常常被人们称为“黄金法则”（Kung，1993）。

情绪稳定

依据智慧棱镜来看，最初四个维度（自我意识、理性能力、直觉能力和人文素质）的基础是第五个维度：情绪稳定。的确，每个人都是独一无二的。如果要求每个人都必须遵循标准的情绪倾向，是不合理的。但是，不论情绪倾向如何，每个人都可以在其行动和对他人的反应中保持稳定，这是合理的。这种稳定在经商过程中十分重要，在创业过程中更是如此。

一个情绪稳定的人可以接受自己所面对的任何状况。具体而言，情绪稳定的人有足够的智慧，可以知道有哪些状况是自己无法改变的，于是便加以接纳。当我们企图改变某个人或某种状况，但却无法做到时，我们就会感到挫败，而这种挫败感往往就是爆发消极情绪的根源。为我们无法改变的事情而烦恼会导致我们无法正面回应自己能够改变之事。

情绪稳定可以概括为三个方面：第一，试着弄清楚什么是自己可以改变的，什么是自己无法改变的；第二，试着不要当面对消极情况（尤其是批评）做出回应，而是从消极情况中吸取经验教训；第三，坦诚地与人沟通，在沟通过程中保持稳定。情绪的不稳定会阻碍企业的发展，而稳定的情绪则是责任型创业者的一种特质。

结 论

大部分情况下，人们对于“智慧”这个词的使用含糊不清，或者并没有多加考虑。本章内容将帮助责任型创业者明确什么是智慧，智慧的来源以及智慧在个人生活及职业生涯中的应用。作为一名责任型创业者，你可以对智慧棱镜及其五个方面进行反思，作为持续做出智慧决策的一个过程。

第 3 章　问题研究

什么是智慧？你是如何定义智慧的？你认为智慧与决策有何关联？

什么是智慧棱镜？智慧棱镜的五个方面分别是什么？

智慧棱镜五个方面的相互关系是怎样的？

你可以根据自身经历举例说明各个方面吗？

第 3 章　练习

你经营着一家餐馆，这家餐馆的固定肉类供应商无法再向餐厅供应肉类，你正急着为餐馆寻求新的肉类供应商。你已经找到了一家潜在的供应商，质检报告显示这家供应商的产品质量很好。但是，你在仔细审核这家供应商的财务报告时发现，在过去两年里这家供应商一直存在小额亏损的情况。你还收到另一家从这家供应商购买肉类的餐馆为这家供应商写的证明信。这家餐馆在证明信上写道，该供应商一直都按时供应肉类，但有时候其供应的肉类来源于一个因雇佣非法移民并让这些非法移民过度工作而臭名昭著的工业化养殖场。你现在压力很大，因为你急于寻求新的供应商，所以证明这家供应商可以按时供货的证明信让你如释重负。你非常看重质量，而质检报告显示这家供应商的肉类质量非常好，这一点也令你很满意。但你会如何看待关于这家供应商与一家因剥削劳工而声名狼藉的工业化养殖场存在业务往来的举报？

你应该怎么做？你应该选择这家供应商吗？

第 4 章
直面腐败

腐败问题

责任型创业者寻求构建廉洁企业。这是指不存在贿赂和欺诈行为的企业。廉洁企业的创业者无需担心自己会被逮捕，也不需要终日过着良心不安的生活。从伦理角度看，腐败是一种不负责任的表现，腐败与公正背道而驰，严重损害公共利益。

每个国家的政府政策和公众态度都反对腐败。然而，这些政策的贯彻效果和公众态度的差异却很大。此外，仅依靠政府政策和公众态度的监督不足以构建廉洁企业。责任型创业者与全社会公民都必须共同选择构建廉洁企业和廉洁社会环境。我们将在本章探索切实可行的策略，从创业之初就避免腐败，构建廉洁企业。

什么是腐败？

全球报告倡导组织对腐败做出如下定义：

腐败的定义是“滥用职权谋取私利”。腐败的行为包括：贿赂、欺诈、敲诈勒索、勾结、利益冲突和洗钱。腐败还包括以提供或收受礼品、贷款、报酬以及其他利益作为条件，诱使他人在企业业务经营中做出有违诚信、法律规定或信托约定的行为（全球报告倡导组织，2015）。

腐败还有其他定义，每一种定义都有助于责任型创业者进一步了解腐败发生的原因。腐败不是一个简单的问题，腐败具有一定的复杂性和组织性，甚至还具有迷惑性。

让我们来看一个例子。送礼是许多文化的重要组成部分。礼轻情意重，即便是小礼物也是对深厚友谊或亲情的一种表达。中国历史和文化中就有许多这样的例子。但责任型创业者则需对此多加警惕。在某些情况下，礼物并不是对传统价值的一种实质性表达，送礼也不是一种传统礼仪。在某些情况下，送礼成为一种胁迫和请求他人提供便利的手段。看似礼物的东西实际上是腐败的伪装。这时候，这种伪装敞开了对做交易的人的期望，或者甚至还亮明了创业者进行交易所不得不承担的义务。

让我们再来看另一个例子。企业必须向专业咨询或其他服务提供者支付合理的费用。但这些费用同样可以成为腐败的伪装。澳大利亚的一家印刷厂通过位于东南亚的代理商行贿，以营销费等各种费用的名义支付贿款。这就是一种伪装手段，但最终伪装被揭开，行贿者被判罪（联邦检察署，2018）。职业创业者需要警惕伪装成为服务费，甚至是管理费的贿款。我们知道，腐败具有迷惑性，责任型创业者需要具备识破伪装的能力。

腐败有违伦理和法律规定。因此，责任型创业者不要以为腐败会堂而皇之地现身。实际上，腐败很可能会戴着符合文化背景的面具，或是伪装成业务往来的正常环节。

詹姆斯·李（JAMES LEE）

英格兰及威尔士特许会计师协会（ICAEW）大中华区域总监詹姆斯·李先生向我们介绍了审计的工作流程。审计是一套具有专业性的工作流程，通过审查企业财务和其他方面的记录，确保企业所有者、投资者、监管部门、客户和公众能够获取有关企业经营的正确信息。审计工作中一个目标在于发现腐败行为或贿款。这是建立公众信任和鼓励最佳会计实践的一项工作。要做好审计工作，审计师必须具备良好的专业判断力。李先生认定，良好的专业判断力只可能来自诚信和拥有知识（技术知识和经验）（Lee，2014）。

我们可信度的高低，即业界对我们的看法，取决于我们是否诚信。要打造责任型企业，诚信的创业者必须和其他诚信的专业人士合作。会计师、审计师和其他专业人士可以共同构建起一个共同体，在其中，透明和恰当披露是那种诚信的明证。

当审计师发现企业的资产负债表或其他文件中有潜在可疑之处时，其专业判断力十分重要。审计师必须运用其专业判断力决定是否需要做进一步调查。透明并负责任地向市场公开信息的企业将被视为可信的企业。其他企业则会倾向于信赖它们。可信的企业会被奉为值得效仿的最佳实践典范。这类企业将会成为行业标杆，甚至是国际标杆。

腐败会伪装成商业网络运作或友好表示。通过良好的诚信人网络获取利益是一种良好的商业实践。但是，通过不道德或非法手段获取利益的做法不论是对企业还是对整个商业环境而言都是不利的。我们要始终牢记一点，腐败会戴着伪装面具而来。在明知（或怀疑）对方企业“送礼”的目的是为了日后获取不正当利益的情况下，切勿接受对方免费提供的礼品、度假旅行或者特殊私人服务。责任型创业者会拒绝接受任何要求其日后提供非法或不正当利益作为回报的利益。

如果希望将企业打造成为一家顶尖企业，那么从创业之初就要关注如何防止腐败的出现。要知道一点，腐败并不限于政府和公共部门，私人部门也同样会出现腐败。

透明国际

透明国际（TI）是一个旨在监察世界各地贪污腐败行为的重要国际组织。在中国，它使用记录人们在各国如何理解腐败的“全球清廉指数（CPI）”。该指数采用百分制评分，最低分为 1 分（表示腐败程度最高），最高分为 100 分（表示腐败程度最低）（透明国际，2020a）。透明国际还开展一项名为“全球腐败舆情表”（Global Corruption Barometer）的调查，对来自亚洲多个国家的 20 000 名受访者进行调查。近期，透明国际在其官网上写道“自 2014 年以来，中国的全球清廉指数得分稳步提升，得分从 2014 年的 36 分提高到了 2020 年的 42 分，共提升 6 分。此外，最新发布的《亚洲全球腐败舆情表》(*Global Corruption Barometer for Asia*) 显示，64%的中国公民认为在调查前的 12 个月内中国的腐败情况有所改善。但是，62%的受访者依然认为政府腐败是一个大问题，强调还需要采取更多的反腐措施”(透明国际，2020b)。责任型创业者可以在成功打击政府和私有部门腐败的反腐行动中发挥作用。

建立信任

廉洁的企业是值得信任的，成功的企业不行贿就可以取得自己的成功。在短期内，行贿看似是促进企业发展的最佳捷径，可以快速帮助企业解决许多难题。但从长远来看，贿赂所引发的问题远比其所解决的问题多 (Vincke，2006)。潜在投资者、供应商、合作伙伴和其他利益相关方会更倾向于选择廉洁的企业。

在创业之路上刚刚起步的创业者可以找一位值得信任的顾问帮助自己度过有人索贿的困难时期。顾问可以帮助稳定局面，支持创业者坚守企业的价值观。经验丰富的顾问还可以提出改变谈判局面的方法，让对方意识到建立在信任基础上的长远关系所带来的利益要远多于建立在贿赂之上的关系。经验丰富的顾问可以帮助刚刚起步的创业者辨识出戴着伪装面具，以送礼、表达友谊或支付费用之名出现的腐败。

“一带一路”这项著名倡议的实施成果之一是让越来越多的中国创业者走出国门，这些走出国门的创业者可能会遇到让他们意想不到的索贿。腐败戴上了不同文化形式的伪装面具，创业者因此更加难以看清腐败的真面目。为维护中国人民和中国企业的良好声誉，中国的领导班子极力促进反腐。

亚洲和中国的反腐

亚洲企业一直以来都在与系统性腐败作斗争。种种迹象表明，亚洲的反腐斗争依旧困难重重。对马来西亚一马发展公司（1MDB）组织的调查工作仍在进行中，目前尚未完全找出该案的腐败根源（Jones，2020）。虽然反腐斗争困难重重，但也有迹象表明，包括中国在内的整个亚洲地区的腐败问题有望得到改善。其中一些表明腐败问题有望得到改善的迹象就出现在中国第五任国务院总理（任期：1998 年—2003 年）、曾任上海市市长的朱镕基在任期间。朱总理因其对各种形式腐败和裙带关系零容忍的态度而闻名于世，深受尊敬。朱总理认定，中国的国有企业（SOE）和私营企业在廉洁的环境中会更加成功。最近，中国现任国家主席习近平领导的一场反腐持久战揪出并罢免了许多贪污腐败的官员，对于提升人们的腐败风险意识产生了深远的影响（Anon，2015）。相较被复杂的贪腐网侵蚀得千疮百孔的企业，廉洁企业更为高效和成功。

传达信息

责任型创业者要有反对腐败的个人价值观。重要的一步就是将这些反对腐败的价值观融入企业的政策之中，并将这些政策传达给员工、客户、供应商和所有潜在利益相关方。对方可能习惯了行贿受贿，会不熟悉廉洁的企业环境。责任型创业者不会假装贿赂不存在。他们会直面贿赂问题，坚持坚定的个人和企业价值观。与其放弃一个项目，不如创造一种双赢的局面，让双方都可以获得合理的商业利益，不需要行贿受贿或做出其他会破坏双方关系的腐败行为。企业员工也可能会认为行贿受贿是获利的捷径，通过捷径获得的业绩可以让员工得到晋升的机会。但企业员工要知道一点，企业的反腐倡廉政策适用于每一位员工。企业必须制定内部政策奖励举报（叫做“whistle-blowing”）腐败行为的员工，严惩寻求贪腐的员工。

团队的诚信管理

有时候在业务往来过程中，供应商和客户会要求企业提供回扣和贿款。提出这一要求的可能是供方企业或买方企业，也有可能是供方企业或买方企业中贪污腐败的个别人员。面对这种情况，企业需要从上至下全面贯彻廉洁政策。从企业的最高层开始，责任型创业者就应意识到贿赂可以在短期内为企业带来利益，但从长远来看，贿赂最终会让企业蒙受损失。企业的所有员工也必须了解和遵守这一点。企业还必须支持员工向供应商和客户传达企业的廉洁政策。一位知名的香港企业家强调，企业必须以服务、品质和创新在竞争中取胜（Wong，2014）。从长远来看，服务、品质和创新比贿赂更具吸引力。

企业必须为全体员工提供培训，让全体员工理解企业的廉洁价值观和廉洁政策。应以不同的方式重申这些价值观和政策，加深员工的记忆。受贿或行贿的诱惑往往会在个人承受巨大压力时出现，面对诱惑的人员必须知道企业倡导的是廉洁政策，而且企业会支持他们拒绝行贿或受贿。

责任型创业者可以制定《行为守则》，在《行为守则》中向员工和其他与企业进行业务往来的人员阐明企业的价值观，虽然《行为守则》是一种有用的工具，但如果没有得到全方位的贯彻执行，《行为守则》就只是没有行动的空谈，无法发挥其作用。

结　论

腐败既是个人层面的问题，也是组织层面的问题。归根结底，腐败源于个人的内心和思考，利益被置于价值观之前，道德被置于个人对利益的欲望之后。虽然如此，在实际中，政府、国有企业和私营企业也会出现组织层面的腐败问题。腐败人员可以相互勾结，形成一个个牢固结实，难以打破的腐败网。在大型组织中，一个领域的腐败问题可以像癌细胞一样扩散至企业的其他领域。

在此，请作为责任型创业者的你反思一下自己的职业行为。责任型创业者的内心和思考必须形成强烈的个人廉正感和责任感。仅改变组织内部或政策体系的结构并不足以保证每个人都以廉洁的方式行事，我们还必须改变个人的内心和思考。责任型企业家可以与致力于构建廉洁社会的其他人士公开合作。公开化和透明化可助推企业的廉洁之风，反之则会助长腐败之风。廉洁的企业可以为增进公共利益做出巨大的贡献。

第4章　问题研究

什么是腐败？现实中有哪些腐败的例子？

透明国际是一个怎样的组织？这个组织是如何为反腐助力的？您认为这个组织的方法有效吗？

在中国，腐败是如何发生的？您是否可以解释杨恒达教授提出的“腐败三角关系”？

您认为腐败是不道德的吗？请说明原因。

第4章　练习

作为一名创业者，你创立的企业包括一个位于乌托邦国的屠宰场。这个屠宰场刚刚开业，员工人数众多。其中大部分员工都与屠宰场签订了三年的劳动合同，自屠宰场开业之日起生效。员工由屠宰场的就业总监负责管理，这名就业总监工作勤奋，效率也高。开业一年后，屠宰场不幸被一场突发洪水冲毁。与员工签订的劳动合同规定，在这类情况下，你可以终止劳动合同。员工抱怨遭到解雇，他们告诉你就业总监要求所有员工交一笔钱，按周分期付款，在三年合同期内付清。现在，就业总监要求所有员工立即向其一次性付清所有费用。你质问就业总监，他承认员工所言属实，并威胁说如果你把此事公之于众，他在政府任职的朋友必定会吊销你的屠宰场经营执照。你不确定他是否真的有这样一位朋友，还是他只是在虚张声势吓唬你。

此时你会怎么做？

第 5 章

理解环保问题

引 言

环境伦理寻求的是与自然的合作。环境伦理不认为地球拥有或可以产出源源不断的资源。环境伦理的框架建立在这种对自然资源有限性理解的基础之上。举一个商业上的例子：不负责任的废弃物处理行为就是对自然的一种虐行，而不是与自然的合作。这是不可持续的，因为没有考虑环境的各种过程。有机物料生长、腐烂、回收利用的物理法则应使人了解与自然世界一起和谐运营是企业的最佳实践。

商机与责任

关爱地球、地球资源，推而广之，关爱当下和未来的人们，是社会各阶层越来越关心的问题。我们今天如何作为，不仅会影响今天的人，还会影响我们共享的未来。责任型创业者会采取负责任的行动致力于水资源短缺、大气污染、海洋退化和其他许多环境问题。推卸责任或坐等他人采取行动是无法解决当今时代的环境问题的。其实，解决环境问题不仅是一项重大的责任，还是一个巨大的商机。让我们先来会见一下中国欧盟商会主席约尔格·伍德克先生。

约尔格·伍德克（JÖRG WUTTKE）

约尔格·伍德克先生在采访中分享了其对于环境伦理的看法（Wuttke，2014）。采访开始时，约尔格·伍德克先生就明确了清洁空气、清洁水源和降低能源消耗等大家普遍关注的环境问题。接着，约尔格·伍德克先生提到环境伦理所面临的难题之一是普遍缺乏激励因素，这一难题在商业中尤为凸显。要让大家认同污染空气是不道德的行为并不难，而为继续污染寻求正当理由就更加容易。首先，做出改变的成本很高。伍德克先生说道，要克服这一难题，就必须让环境伦理成为一种商业主张。

例如，减少浪费就会降低废弃物处理成本，减少排放量可减轻企业的碳税负担，可持续的供应链有助于提高消费者对品牌的信任度和忠诚度。这样的主张对于企业家是有意义的。它们符合商业思维，具有战略意义。它们鼓励那种将伦理论点付诸应用实践所必需的创造性和创新。创业者要摒弃伦理与商业相互排斥甚至对立的想法。集思广益，思考如何平衡环境伦理的要求和企业策略，最好可以做到将两者相结合。

伍德克先生指出，环境保护存在行动跟不上言论的问题。我们知道，在谈及环境保护时，个人、企业和政府可能会慷慨陈词，但最终却做不到言行一致。如果行动跟不上言论，信任度就会随之下降。随着信任度的下降，创业者就会感到无能为力，无法采取行动。

实际步骤

一般而言，有七个方面的环境影响需要考虑：

- 水源保护
- 土壤保护
- 大气污染
- 工厂排放
- 化石燃料的使用
- 废弃物（工业废物、办公垃圾或生活垃圾）
- 自然资源的使用

如果你还在筹划企业的创办或已经落实创业计划，正在经营一家企业，请思考一下如何可以避免产生或尽量减少上述一个或多个方面的负面环境影响。谨记一点，从小处着手是迈出第一步的唯一途径。不要因为一个细小的改变无法彻底解决问题而感到气馁，也不要以为在创业之初不必关注这么重大的问题，并因此放弃。行动要具有战略性和系统性。先采取简单的行动，然后对行动进行评估，最后向他人传达这项行动。确认他人了解你在做什么、为何这样做，并在时间推移中对自己的承诺坚持不渝。不要指望行动会有立竿见影的效果，应当制定好长远计划。

以废弃材料为例，如果你正在出售一款消费品，你会采用塑料包装吗？用可回收或可降解材料来取代会有多难？或者考虑一下营运中的用纸问题。可以用什么方法减少纸张的浪费？许多企业都采用“减少使用、重复使用、循环使用、停止使用”的模式，其中

“停止使用”是向无纸化营运的最终过渡。回收业务也为责任型创业者创造了商机（Potter，2018）。

在化石燃料的使用方面，企业的用能是否来自燃煤或天然气？是否可以考虑使用替代性可再生能源，如太阳能和地热能？不然就考虑一下用简单方法降低用电量，如缩短电子设备进入休眠状态前的待机时长，在房间没有人的情况下关闭房内的照明设备，在无人办公的情况下关闭经营场所的制冷/制热系统。

考虑如何减少大气污染。是否可以鼓励员工以公共交通工具替代私家车辆作为出行交通工具？是否可以安排公司班车接送员工上下班？

企业在经营过程中会用到哪些自然资源？是否可以减少企业的用水量或对污水进行循环利用？企业是否会用到金、铁、铜、银等重金属？是否可以减少企业对这些重金属的使用或找到可以替代这些重金属的可再生材料？

责任型创业者在企业创办过程中必须时刻留意上述考虑因素。每一次过程的改进或产品的替换都应成为一种企业优势，每一种企业优势都应融入企业品牌，并在市场上广而告之。

国际办公家具品牌海沃氏（Haworth）就是一个很好的例子。海沃氏逐步将产品线改为具有完全可回收能力的。海沃氏出售的每一件产品都附有回收利用说明书，为了避免产品被扔进垃圾填埋场，海沃氏还鼓励所有客户转售、翻新或捐出他们从海沃氏购买的办公家具。最终，这一策略成为海沃氏的一大竞争优势，并表明环保承诺在当今市场上可以用如此强有力的方式得到兑现（Ratliff-

Miller，2010）。

安东·欧秋亚（ANTONIO OCHOA）

安东红坊创办人安东先生从建筑学的角度对环境伦理做出评论（Antonio，2014）。安东先生一开始介绍了绿色建筑，绿色建筑又被称为可持续建筑，即在初始建造、后续维护和最终翻新或拆除过程中均采用环保节能技术的建筑物。

这一趋势应用于建筑行业的目的在于优化利用水电等资源，减少废弃物的产生和污染。对创业者，尤其是有意涉足设计或建筑领域的创业者而言，紧跟这一领域的发展趋势对发现细分市场和企业的竞争优势具有重要意义。

安东先生还提到了建材使用方面的发展趋势，他强调了竹子不仅可以作为一种可持续资源替代塑料，还可以在建筑设计领域替代木头。作为一名建筑师，安东先生的一项责任就是关注最为环保的建材，思考如何以合理的方式将这些环保建材融入为客户打造的设计中。

遵守政策和法律规定

对于责任型创业者而言，环境伦理不仅仅是遵守法律和政策规定。毫无疑问，许多国家都制定了针对环保问题的政策和法律，并在不断加以健全和完善。中南财经政法大学尤明青教授编制的年度报告就是说明环境法律正在不断健全和完善的一个例子（You & Wang，2020）。仅仅遵守当地法律规定并不等同于符合伦理要求。乔斯·马克西米亚诺（Jose Maximiano）教授提醒我们："我们必须清楚，伦理责任并不始终与法律义务相一致，原因主要有两点：第一，伦理的范围比法律更广，因此，民法不包含伦理的所有方面；第二，有些民法不讲伦理，有失公正"（Maximiano，2007）。

责任型创业者会对环境问题形成自己的伦理理解。责任型创业者不仅会借鉴一般的道德原则，而且还会借鉴特定行业惯用的职业伦理守则和行为守则。责任型创业者也将看到，伦理和法律的新变化不是约束：它们创造大好商机。

结 论

环境是脆弱的，容易被破坏，因此需要我们小心呵护。但同时，环境也是慷慨的，她赋予我们在商业和生活中实现发展所需的一切资源。环境在赋予我们资源的同时也赋予了我们责任。责任型创业者选择这样一种生活方式和工作方式，使环境可以取之不尽，我们可以不断繁荣。这正是环境伦理的核心和环境可持续发展的理念。对于责任型创业者而言，这也是一个等待他们去把握的大好商机。

第 5 章 问题研究

什么是环境责任或环境伦理？为何环境责任对当今的商业如此

重要?

将环境责任纳入企业策略是否是明智之举?这种企业策略会带来什么样的机会和好处?

环境影响的七个方面分别是什么?可以采取什么切实可行的步骤应对某家企业对环境造成的负面影响?

可否列举出在环境伦理承诺践行方面处于领先地位的企业?这些企业是怎么做的?

第5章　练习

你经营着一家生产塑料容器的工厂。几年之前，工厂生产过程中产生的废弃物都被排放到工厂附近的湖泊里。当时，将废弃物排放到湖泊中并不属于违法行为。然而你发现工厂越来越多的客户要求采用环保的生产方式。你根据客户的要求改进了生产过程，在工厂内处理并重复利用废弃物。工厂还申请并通过了一个环保标准组织的认证，证明工厂生产过程的环保性。你在工厂的广告中宣传工厂已通过环保认证，客户也的确会将这一点视为工厂的优势。

现在，工厂的废弃物处理设施出现故障，你面临着两种选择：你可以关闭整个工厂，直到废弃物处理设施修理工作完成，或者你可以将废弃物排放到湖泊里，直到修理工作完成。你不知道修理工作需要持续多长时间。如果选择关闭工厂，员工无法工作，但你必须继续支付员工的薪酬。你珍惜你的员工，不希望在他们在停工期间停薪。如果你把废料排进湖里，工厂的环保标准认证就会被撤销。

你会做何选择？

或许你可以想出其他替代方案？

第6章

建筑与工程伦理

引　言

建筑与工程伦理与我们生活的各个方面息息相关。从我们居住的住宅到我们驱车回家途经的道路，我们每个人都需要工程与建筑企业本着诚信精神建造我们赖以生活的建筑物。

应如何建造建筑或服务设施？这不仅仅是一个重要的技术问题，同时还是一个伦理问题。当我们走进一间教室时，我们希望这所学校的工程质量是可靠的。尽管有时我们并未明确表达，但对于所有类型的建筑，我们都希望负责建筑设计和施工的企业和工人团队是值得信任的。建筑与工程伦理旨在让人们可以安心地在建筑和服务设施内学习、工作和生活。

建筑与工程伦理还关注可持续性问题。建筑师、设计师、工程师和建筑企业越来越关注建筑对环境的影响，即关注废弃物、污染物和排放物的问题。委托方正在开始要求更高的环境影响标准，要赢得项目投标，创业者就必须满足这些标准。

建筑与工程伦理关注的最后一点在于如何在不行贿、不提供回扣、不做出有违诚信或完全违背法律规定的业务行为的前提下经商。对责任型创业者而言，产品的可靠性、产品所产生的外部影响以及企业争取业务的方式是相互关联的，一荣俱荣，一损俱损。因此，在撰写商业计划书时，责任型创业者必须认真考虑这三个方面。

王健林和大连万达集团

中国最有经验的创业者之一在被采访时说："在中国，没有几家企业敢公开说'我们不行贿'，没有几家敢说完全照市场规则经营。但是我们敢打包票：万达增长只靠市场实力"（Hook，2012）。

大连万达集团董事长王健林公开说："我们不行贿。"这是一句大胆的陈述，它通过设定对万达的高期望而造成了自身的易受伤害程度。但这句话也反映了一种必要的承诺，迫使这位房地产创业者言行一致。这是一位了解经商固有风险的勇敢领导者做出的那种承诺。

马来西亚工程行业的伦理问题

马来西亚的两位工程师塔姆吉斯（Tamjis）和维诺德（Vinod）（2016）在调查一个桥梁建造项目的工程事故后，得出如下结论：

"一般而言，伦理是支配个人在伦理是非问题上的行为和信念的道德原则规范和价值观规范。这些道德原则和价值观决定了个人的生活方式，而这种生活方式反过来又影响了个人的认知和判断方式。一个合乎伦理的判断要在法律和道德层面上都为大众所认可。人们认为具备崇高道德和伦理价值观的人对伦理问题具有更强的洞察力。因此，具备崇高道德和伦理价值观的人更能做出合乎伦理的判断。马来西亚的工程师应奉行工程伦理，以公众安全、健康和福祉为先，这是工程课程的一部分。研究案例表明，在许多'工程事故'案例中，工程人员并未完全遵守工程伦理。"

投身工程与建筑行业的责任型创业者不仅仅要成为技术人员，还要成为遵循职业伦理的专业领导者。审查工程事故案例有助于我们洞察源于不道德行为的问题。

安东·欧秋亚（ANTONIO OCHOA）

安东是一位居住在北京的委内瑞拉建筑师。2017 年，安东先生入选朝阳区"国际高端商务人才（商务精英）"，对商务工作的热爱让安东先生对这份殊荣的获得深表感激（Antonio，2020）。在一次采访中，安东先生被问及其对于伦理和建筑设计之间关系的看法。涉及贿赂的危害问题时，安东先生说一旦企业开始以这种方式经营企业，就很难再维持独立的经营标准。某一个特定的企业就会听命于索贿方的要求，失去其自主意识。安东先生的目标客户要求决不妥协的品质。他们寻求坚守伦理、历史清白、恪守可持续发展承诺的企业。这些客户绝不允许他们的合作企业存在行贿行为和有违伦理的竞争行为。安东先生说：“你要知道一点，如果客户看重的是质量和环保，他们就绝不会走后门”（Antonio，2014）。

安东先生还谈到一点，那就是建筑设计如何以公共利益为导向。他提到，一幢建筑的设计不仅会影响建筑居住者、使用者的生活或工作，还会成为整座城市的一部分。建筑的外观、地段、面积，它如何融入某一个特定相邻区域，它有多大可持续性，谁来使用它，这些都有着公共含义。一个建筑物必然贡献于一个社区的生活。这个建筑的含义是比建筑本身更大的一部分，必须加大它，而不是削减它。

菲利浦 · 契米列夫斯基（PHILIP CHMIELEWSKI）

美国加利福尼亚州罗耀拉马利蒙特大学工程伦理学教授菲利浦 · 契米列夫斯基在采访中被问及关于可持续建筑的问题。契米列夫斯基教授指出，从工程角度看，可持续性其实就是对当前资源加以利用的一种方式，这种方式可以确保子孙后代享有与我们同样丰富的资源。在建筑的建造过程中，从选择建筑平面设计展示用材起，所有的决策都可以，也应该以可持续发展原则为指导。鼓励回收利用、堆制肥料或减少空调系统使用的建筑平面设计将减少废弃物和排放物。契米列夫斯基教授解释道，从点滴做起，积跬步可以至千里（Chmielewski，2014）。

契米列夫斯基教授还提到了美国机械工程师协会制定的倒金字塔计划，该计划强调工程人员在开始设计前应先了解社会需求。这不仅可以确保设计产生有利于可持续发展的影响，还可以确保设计体现社会责任感（Leland，2011）。通过创业解决真正的社会问题是责任型创业的关键责任之一。责任型创业通过创业解决社会问题的途径具有无限可能性：研发出有助于实现农业可持续发展的创新灌溉系统，设计出减少 LED（发光二极管）直接照射的灯具，以及成百上千的其他任务。

黄天祥

有利集团有限公司副主席黄天祥在采访中介绍了其打造的可持续建筑项目，其中重点介绍了有利集团在香港苏豪区建造的智选假日酒店。据黄先生介绍，这家酒店屡获殊荣，荣膺诸多环保奖项和认证，其中包括香港绿建环评（BEAM Plus）铂金评级、美国能源与环境设计先锋（LEED）铂金级认证、新加坡绿色建筑标志白金奖和中国绿色建筑三星认证。黄先生还介绍道，相比香港的其他酒店，苏豪区智选假日酒店通过应用众多创新技术，将能耗成本降低了 58.5%。

黄先生提到的其中一项创新技术就是由有利集团自主研发并获得专利的珀尔帖（Peltie）降温床头板（黄天祥、So & Platten，2016）。珀尔帖降温床头板的工作原理是在夜间关闭恒温器，仅向床上区域输出凉风，保持床上区域凉爽。由于只需降低床上区域的温度，酒店可以节省为整间客房降温的空调成本，随之降低酒店的整体能耗。

2014年9月，香港举办“绿色建筑周”活动，以提升各界的“绿色思维”，为可持续经营理念的交流提供平台。这项活动旨在发现更多的节能经营理念，黄先生研发的珀尔帖降温床头板就体现了这种理念。通过结合“绿色思维”与经营策略，有利集团等企业为建筑行业的发展开辟了新方向，引导建筑企业改变不具持续性或造成浪费的做法，致力发展成为具有社会责任感的环保企业。

对创业者而言，像珀尔帖降温床头板这样的创新技术可以成为企业的竞争优势，提升企业的品牌知名度，为企业创造与其他企业合作的新机会。不要以为经商是一项单调乏味，毫无创新的工作。

案例研究：癌症护理医院

可持续建筑还体现在整体性方面。除建材的可持续性和投入使用后的能耗外，打造可持续建筑还需要考虑到一些更加细微的方面，如建筑的造型、配色方案、艺术技巧的运用、户外园林设计、照明布局和室内家居陈设的选择。

所有建筑的建造目的都是供人使用。因此，建筑的氛围、外观和其他主观方面都很重要，这些方面会对病患、租户和访客在建筑内的体验产生决定性影响。为说明这一点，罗世范和菲利浦·契米列夫斯基在《人类与自然》(*Humankind and Nature*)(2014)一书中写了一篇文章介绍癌症护理医院在社会中的作用。

正如契米列夫斯基以上观点所述，医院的建设必须考虑到使用者的需求。如果医院里所有的病人都患有癌症或正在从癌症中康复过来，这会如何影响医院的建筑设计呢？无论会活多久，病人必须在其中生活的环境有多重要呢？

一个让人有宾至如归感觉的舒适环境也可以体现可持续性。可以采用树木、灌木丛、花卉以及小池塘和草坪等自然元素美化建筑外观，打造园林景观，同时也可采用有助于避免病人接触有害化学物质的有机栽培方法和可持续养护方法，如让树叶在掉落的地方分解成为有机物，为土壤提供养分。

建筑的建造还应为建筑的可持续使用提供条件，如堆制肥料和回收利用，打造有助于吸热隔热和减少雨水溢流的“屋顶花园”。如果建筑设有堆肥设施，那么还可以在建筑设计里包括一个园林，用堆制的肥料为园林内的植物施肥。营造一个生机勃勃，随处都可以感受到自然生长力量的环境，为正在与癌症作顽强斗争的病人带去希望，安抚病人因对死亡的恐惧而被扰乱的心灵。

癌症护理医院的建造还要考虑到让病人感受到所在城市的生活气息，不会觉得自己被困于狭小的病房内或病床上。大面积窗户可以增加自然采光，扩大有助于病人疗愈身心的空间，药用植物园可以供病人放松休憩，这些设计都会对病人产生显著的积极影响。增加自然采光还可以减少医院的耗电量。以自种草药入馔不仅可以减少医院的食材采购成本，还可以让病人的饮食更加健康。

建筑结构设计也同样重要。难道医院给人的感觉更像一座冰冷的囚牢而不是一个温馨的家？难道医院更像是一个等待死亡的绝望之境而不是迎接新生的康复之地？大面积的空地不仅可以让室内设计师充分发挥创意，还可以减少建筑材料的使用。竹子等可持续建材不仅可以满足建造之需，还可以净化空气，改善室内环境。源于自然的建筑材料还有助于抚慰病人的心灵。

医院的建造也应采用现代化技术。例如，如果为每一间病房安装感应器，那么在病人离开病房时，系统就会自动关闭房内的空调和照明设备，减少用电浪费。也可以在医院内设计一个安装太阳能电池板或小型风力发电机的地方。

从这个例子中可以看出，癌症护理医院以及其他类型建筑的设计和建造都应以使用者的需求为导向。建筑建造的可持续性应与使用者的体验联系起来。这些目的都是相辅相成的，使用者的良好体验会转化为良好的市场口碑和媒体的正面报道。

创业者应始终以客户或使用者为先。使用者的需求绝不会与合乎伦理的商业行为背道而驰，他们决不鼓励欺诈、取巧或放弃原则。只要用心倾听市场的需求就必定可以发现伦理与盈利之间的关系。

结　论

工程和建筑行业为城市生活创造了条件，为我们提供了生活、工作和娱乐的场所和设施。然而，工程和建筑行业也同样可以让我们无法继续生活、工作和娱乐。一家企业低劣的建筑质量、不合理的设计和有违道德的行为会对其所服务的社区居民造成健康和安全危害。作为一名责任型创业者，企业的发展潜力取决于你的决策。请以谨慎的态度对待每一个决策。

第 6 章 问题研究

什么是建筑与工程伦理？工程师和建筑行业的专业人员面临着什么样的伦理问题？

工程师和建筑创业者可以如何“自下而上”地为社会做贡献？

你从癌症护理医院的案例中学到什么？医院的设计通过什么方式体现伦理承诺？

第 6 章 练习

你是一位经营建筑公司的创业者。贵公司目前承接了一个多层建筑的建造项目。项目设计包括建筑外墙板。由于许多国家都存在火灾风险，当地政府要求建筑外墙板必须取得制造商的防火认证，符合特定的国际标准。外墙板的反面要清楚标明标准的编号。

你准备向公司的固定供应商采购外墙板。供应商告诉你，她有一些另一个近期完工的建筑项目剩余的外墙板可以低价出售给你。但是，这些外墙板上并没有符合国际标准的标志。供应商告诉你，据她所知，这些外墙板的质量与标有国际标准编号的外墙板是一样的。你知道，标准编号是标在外墙板的反面的，安装之后即便有标准编号也看不见。

你应该怎么做？原因是什么？

第 7 章
儒家伦理与创业

什么是创业?

创业是指以开发新产品或以更低成本生产现有产品为目的，通过有效的方式整合必要的人力资源、物力资源和信息资源，创办一家企业的过程（Lazear，2005）。创业者依赖于企业的生态系统，相比技术人员和产品专家，创业者对社会和文化背景更加敏感。因此，创业不仅具备企业生态系统的特征，还具备创业者身份（即社会动机）的特征。从根本而言，达尔文主义、社群主义和传教士主义（Fauchart & Gruber，2011）等各类创业者身份是创业型领导的根源或结构，在任何社会和经济环境下，这都是创业者取得成功的关键因素。

为何称为儒商精神?

在中国，“儒商”这一概念最早形成于 17 世纪中期（明朝末年），“儒商”指的是同时拥有商人和儒者这两重身份之人，商人以实现利益最大化为目标，儒者重义轻利，绝不因利损义。儒家伦理认为，要实现公共利益最大化就必须将义置于利前。或者如孔子追随者孟子所言，为富不仁，为仁不富。显然，“儒商”所奉行的独特经商方式有助于创业者获得社会的认可和政府的认同（Zhou，2013）。

这种经商方式在日本、韩国、新加坡、中国台湾和中国香港组成的“儒家文化/经济圈”中也得到推行，对这些国家和地区在 20 世纪 70 至 80 年代的经济发展产生重要影响。这种经商方式还帮助这些国家和地区在 20 世纪 80 年代打开中国大陆市场，自 20 世纪 90 年代以来在中国大陆造成儒商运动的繁荣。

儒家精神当然与“儒商”不尽相同，儒商精神可以说是把创业决策过程建立在对儒家价值观的认识和践行的基础之上，尤其是互相关联的“五常”，即仁、义、礼、智、信。五常的社会特征在于高尚的品行，不论多么令人钦佩，它都不仅仅是为了狭义的修身，而且是实现更高目的的手段，即创造出一种状态，人民在其中可以通过积极参与对公共利益的追求而繁荣昌盛（Rothlin & McCann，2016）。将一套价值观融入创业精神对于企业确保经营的一以贯之以及市场的可靠性至关重要。儒家创业模式旨在以一套解释性的共同价值观调解多样化的商业问题。不论是在制定创业策略还是建立业务关系上，这种创业模式都体现了整体性和责任感。

儒商精神尤其与创业型领导有关。正如孔子对君子和小人所做的区分：君子求德，小人求乐；君子利他，小人利己；君子热衷于实现公共利益，小人一心一意使个人所得最大化。在商业领域，这些品格界定了领导力品质的范围。作为一个创业者，仿效君子可以造就企业的良好声誉和消费者的品牌忠诚度，这对于建立可持续发展、可盈利的责任型企业至关重要。

《论语·里仁》中孔子说："君子喻于义，小人喻于利"（Eno，2015）。这句引文的上下文在于论修身的范围。简而言之，只有有德之人方懂得何为道德，有德最终同公共利益以及全人类的合理发展有关。因此，君子和小人的区别并不仅仅是一种优先选择的差异，而且是一种必然性的差异。不仅仅是小人选择忽视他人利益，而且他们根本无法超越个人利益考虑而走向对公共需求的考虑。简而言之，他们并不具备超越个人利益而走向对公共需求考虑的美德。一句话，他们没有这样做的德行。相形之下，君子通过培养德行而凌驾于个人得失之上，在道德语境中，在对包括他们自身在内的所有人的需求的了解中，来看待个人的追求。

如何对待儒商精神?

通向儒商精神的方法是一种学习模式。在当今残酷的市场环境中，在可持续责任型创业标准越来越高的背景下，学习——儒家学说的核心价值——是走向儒商精神的根本方法。按照儒家传统和新儒家对实践经验和实践的强调，以及文化儒学对于文化融合的倡导，儒商精神旨在通过学习、实践并将儒家价值系统融合到创业精神中去，来确立创业者的人格。

只有在创业过程中长期坚持学习和实践才可以追求和确立儒商人格。虽然这个过程似乎费时费力，但是其成果，即儒商人格的确立，会让您受益匪浅：让您能够更好地将善意转化为企业优势。

为何以阿里巴巴集团和马云为例?

谈及当代中国的儒商精神时，人们经常会提及阿里巴巴集团及其领导者马云。例如，北京欧盟商会主席约尔格·伍德克先生就曾说过，虽然马云从未明确表示自己是一位“儒商”，但他从马云的品格中看到了诸多儒家思想的特征：第一，马云一直都将阿里巴巴的员工视为家庭成员，这符合儒家思想的孝道。第二，马云强调不断学习和改进，这反映了儒家思想中修身的整体理念，这是一个逐渐通过养成良好习惯和遵纪守规而实现的过程。第三，马云的职业操守符合儒家思想中的大同世界理想，这是一个需要客观努力方可实现的目标。

结　论

20 世纪 90 年代在中国兴起的儒商运动获得了越来越广泛的认可和支持。例如，始于 1989 年的国际孔子文化节每年都会向在商业实践中体现儒家价值观的企业家颁发奖项。该运动还经由学术机构和研究机构而得以彰显，得以获取可信度。从书刊到培训讲座，人们都在表达一种对儒家创业理念之利好的兴趣。这就证明了以价值观为基础的创业精神有助于达成广泛的社会共识，从而推动一个更优创业生态系统的形成。

值得注意的另一点是，中国正在推进和深化的经济改革要求创业者达到更高的标准和更加全球化的实践，这就为中国创业者带来许多新的挑战和机遇。马云及其创立的阿里巴巴集团比较清楚地显示了如何将传统价值观与新型创业生态系统结合起来。

第 7 章　问题研究

什么是儒商？儒商具有哪些特质？

儒商精神与当今商业环境息息相关的原因是什么？

儒家伦理的五大核心价值观是什么？这五大核心价值观的相互关系是怎样的？

君子和小人的区别是什么？行君子之道和行小人之道经商的结果会是怎样的？

您认为马云是一位儒商吗？马云具备怎样的品格？马云是一位值得效仿的榜样吗？

第 7 章　练习

您是一位希望在生活和工作中都可以成为“儒商”的创业者。最近，贵公司收购了一家业务范围与贵公司类似的企业以扩大业务规模。在收购工作完成不久之后，你发现了一封在收购前几个月写给被收购企业前首席执行官（CEO）的信，这封信由在该企业旗下一家工厂工作的一位医师所写。这是一封辞职信，这位医师在信中写道，员工的工作条件非常恶劣，恶劣的工作环境威胁到了员工的身心健康。她告诉前首席执行官她不希望再和这样的工作场所扯上关系。

作为一名儒商，您会怎么做?

第 8 章

辅助原则

引 言

辅助原则是一项社会组织原则。虽然辅助原则未有正式定义，但是它被解释如下：

> “一个更高层次的团体不应干预较低层次团体的内部生活，剥夺其职能，而是应在需要的情况下给予其支持，帮着将其活动与社会其他部分的活动相协调，始终以公共利益为重。”（Wojtyla，1991）

在创业中，辅助原则的贯彻就等同于员工授权。作为企业的创立者和领导，无论员工在何时需要或怎样需要，你都会为员工提供帮助或协助（subsidium），但要避免过度监管或过细管理员工的工作流程，让他们的潜能不至于被忽视。简而言之，辅助旨在通过尊重人格尊严而维护员工自由。

辅助原则所隐含的理念是：发挥人的潜能不仅是一种道德必然，也是企业经营的一种战略性优势。之所以说它是一种道德必然，是因为当人格尊严得到尊重时，会使每一个人明白，其生活是有切实的意义、目标和方向的。他们心中确定，并受到鼓励，要将他们的个人天赋施展到他们所做的一切之中。这在企业经营中是有战略优势的，原因有如下两点：第一，高层管理人员并不一定总是最为了解全体员工的，推而广之，也不了解整个企业。第二，限制每个员工的贡献也就限制了企业的创新潜能。总而言之，辅助原则要求听取员工的声音，并假定每个人的创造力都比人所相信其有的创造力更大。

辅助原则的特征

辅助原则具有三种普遍特征：

1. 在一个组织中，高级别人员（如：管理者）不应承担低级别人员（如：基层员工）可以完成的任务。所有任务都是由级别越低的人员来完成越好，因为低级别人员所掌握的知识和技能让他们成为承担这些任务的最佳人选。

2. 基于第一个特征，高级别人员必须为低级别人员提供支持或协助。举个例子，经理只有在员工需要帮助的情况下才会给予员工帮助，但在给予员工帮助时，经理不会承担员工的责任或将他们的任务派给他人，而是会为员工提供完成任务所需的资源。

3. 总结以上两个特征可以得出，在道德层面上，任何组织都不比个人更重要。这意味着一个组织决不应该排斥或限制个人的参与，而是应该给予个人肯定并向个人授权。当一个组织是自下而上地构建、受到自下而上的指引的时候，这个组织与人格尊严的要求是相符的。这时候领导力成为塑造员工投入到盈利和可持续业务的问题，而不是按照预定工作计划指挥一群员工打造一家预先设想好的理想企业。

这三大特征共同构成了应用辅助原则的基础。在实际运用中，辅助原则在不同的行业、不同的企业规模和不同的文化中会有不同的表现形式。没有“均码”可用。

举个例子，在一条农业供应链中，一个菜园种植的作物会被送到附近城市的一家当地零售商出售。在这个例子中，辅助原则可以应用于哪些方面？在这条供应链中，应由哪一方占据主导地位？是零售商？批发商？加工方？运输公司还是菜农？根本而言，菜农是生产过程的第一环节，供应链上的其余各方都依赖于菜农。因此，菜农是级别最低的一方。如果批发商为了降低成本，实现利润最大化，要求菜农选种特定品种作物的种子或扩大该品种作物的种植面积，虽然该品种作物利润极高，但从长远来看，会对菜园造成不利影响，这种情况违背了辅助原则。如果零售商知道自己是该菜园最大的客户，决定要求菜农牺牲自己的利润降低采购价格，那么零售商也违背了辅助原则。这个例子的要点在于，在供应链上处于菜农下游的各方应听取菜农的需求和反馈意见。只要菜农可以如实说出其能力水平和局限性，那么辅助原则就会要求供应链上的其余各方与菜农共同寻求一种互惠互利的交易模式，而不是其中一方提出有损其余各方利益的要求。

辅助原则应用的商业案例

第一个案例来自两位法国学者开展的一项案例研究，在这项研究中，这两位学者研究了一家中小型企业（SME）存在的问题。这家企业在没有事先征求员工意见的情况下，在邮件收发室安装了一套新的电脑系统。引进这套新系统的经理虽然是电脑方面的行家，但并不真正了解企业邮件收发室的作用、工作流程以及员工对于这些工作流程的日常使用体验。研究人员建议从级别最低的人员开始重启这一流程，让引进新系统的经理了解员工的实际工作：研究人员建议应用辅助原则（Dugué & Petit，2013）。

第二个案例来自致力于睿智领导力和企业治理研究的管理实务教授盛迈堂博士的回忆。盛迈堂博士曾在一家名为 The Entertainer 的英国玩具零售商任职五年，担任运营总监。根据盛迈堂博士的回忆，在他担任运营总监期间，就具体职责而言，向他汇报的下属往往比他更能代表企业做出战略性决策。因此，他的角色变成了鼓励者和指导者，而不是发号施令的人。简而言之，为了领导下属团队，盛迈堂博士必须服务于他的下属团队。在辅助原则方面，盛迈堂博士授权其下属代表公司做决定，这一做法与包括决策在内的所有任务都与“由级别越低的人员来完成越好”这一观点以及“高级别人员的主要作用是为低级别人员提供支持和协助”这一理念不谋而合。

应用者对辅助原则的看法

苏国荣

亚洲储蓄互助社联盟（Asian Confederation of Credit Unions）创始人苏国荣先生结合其在储蓄互助社、合作社和社区发展方面的工作经验对辅助原则进行了深入思考。

可以说苏先生的工作就是授权于贫困人口中最贫穷的群体。苏先生肯定地说，尽管这些人当中有许多人处境艰难，缺乏机会，但他们的潜能不减，只需稍加帮助，就可以把他们的潜能发挥出来。这就是储蓄互助社和合作社发展模式的逻辑，即当人们获得授权，而为自己谋生，并在当责的环境中被赋予机会和责任时，就可以成就大事，鉴于其环境也许是让人感到意外的事情。

辅助原则是这种发展模式的主导原则。正如苏先生所证实的那样，辅助原则代表着人格尊严。个人潜能和发挥个人潜能的机会是人格尊严得到尊重的前提。以一种让每个人的尊严都得到尊重，每个人都获得授权发挥其潜能的方式组织企业必定可以增进公共利益，以这样的方式组织社会更是如此。这种组织方式通过优先考虑最低级别层面，最终考虑个人，并要求高级别人员为低级别人员提供支持和辅助来实现。

苏先生继续介绍道，储蓄互助社和合作社治理具有三个基本特征：

- 外部治理，如第三方审计；
- 内部治理，如一人一票制和定期成员汇报；
- 个人治理，如遵循伦理原则和职业行为规范的个人承诺（苏国荣，2014）。

这个参照辅助原则的治理模式旨在创造一个良好的环境，在这个环境中，人们可以实现个人的良好发展并且感受到他人的支持，滥用职权或腐败行为也不一定会危及组织整体的未来发展。

在菲律宾，授权予合作社的立法始于辅助原则政策："此外，国家承认辅助原则，根据这一原则，合作社将在自己各级人员内部开始实施和规范与合作社相关的促进和组织活动、培训和研究工作、审计和支持服务，并在必要的情况下获得政府协助。"（菲律宾国会，1990）这项政策强调了辅助原则所发挥的重要作用，让合作社实现自我管理，同时承认合作社在某些情况下也需要得到协助（subsidium）。

安　东

安东红坊中国创办人安东先生回忆，应用辅助原则对其而言实属不易。在建筑领域，很常见的是，设计师都想控制一切，控制自始至终的整个过程。安东先生说，有一种普遍的猜疑，基于这样的恐惧，即别人也同样会做好工作。他们的焦虑不一定意味着他们技术不够好，而仅仅是反映出设计工作有多么个性化。

然而，安东先生描写了在他开始将重大项目任务委派给员工，并将其包含在新设计理念的头脑风暴中时，其团队的职业道德和全面贡献有一种显著变化。安东先生把这种信任和责任范围的扩大比作一种“成长”，这种成长指的是确立和承担责任。他授权员工学习新技能，进一步巩固和提升已掌握的技能，员工也渴望得到建设性的反馈意见。这种体现辅助原则的管理风格的转变让安东红坊的企业文化发生了显著变化（Antonio，2014）。

约尔格·伍德克

北京欧盟商会主席约尔格·伍德克先生从辅助原则的角度描述了东西方组织管理理念的差异。

据约尔格·伍德克先生介绍，在西方国家，尤其是他的祖国德国，总的趋势是组织等级制的最小化和扁平化。辅助原则倡导的是赋予每位员工以责任和履行责任的自由，这与西方国家的组织管理趋势不谋而合。在当责方面，许多企业相应地加强了组织内部各个方面的权力制衡，以降低欺诈、滥用职权和员工偷盗的风险。总而言之，扁平的等级制有着这样的效果：可以将不同角色员工中的优劣感最小化，并且创造一种跨团队、跨业务职能的平等感（Wuttke，2014）。

伍德克先生目前在中国生活和工作，他指出，在中国，首席执行官（CEO）往往是中国企业所有业务活动之源、之巅。伍德克先生说，总之，“老板说什么即组织做什么。”按照辅助原则，这种组织结构并不一定出格。在由首席执行官做出重大战略决策的操作模式范围内，有员工授权余地，尽管实现这种决策的过程是由员工自由识别和创新的。话虽如此说，但是首席执行官必须是一个因诚信而受到尊重的人。滥用职权的首席执行官很快就会把策略的传达变成一种命令，或过分密切地监管策略的实施，到了一种造成窒息文化的程度。如果员工缺乏创造性地发挥其作用的自由，或者被禁止对其负责的任务提出建设性反馈意见，那么他们的尊严就会受损。

伍德克先生解释说，话虽如此，但在中国，首席执行官的角色并不仅仅局限于工作问题。通常情况下，如果员工在工作或非工作时间发生重大事故，首席执行官还会前往医院探望他们或以其他方式表示慰问。伍德克先生表示，正因首席执行官备受尊崇，因此他们的职责就是让员工感受到关爱，让他们对企业这个大家庭产生归属感，这与马云和阿里巴巴集团的做法类似。在实际情况中，这种互惠关系在许多方面都与辅助原则的总体目标相一致。

菲利浦·契米列夫斯基（PHILIP CHMIELEWSKI）

洛约拉马利蒙特大学工程伦理学教授 PHILIP CHMIELEWSKI 从责任的角度阐述了辅助原则。

契米列夫斯基教授一上来就说，委派责任很困难，经理和高管普遍在这一方面遇到困难。赋予员工完成一项工作任务的责任不同于向员工示范如何完成这项工作任务。契米列夫斯基教授强调，授权就意味着有犯错的风险。鼓励员工独立解决问题也就表示可以接受员工可能会失败的风险。但是，契米列夫斯基教授接着说，人们会从错误中学习。只要他们负责任，管理者以尊重的态度与他们讨论其所犯的错误，提供充分的援助，以确保其日后不会重蹈覆辙，那么员工就会很快学会有哪些行为在日后是不可取的。这可以也应该能在长期使他们成为更有效、更有生产能力、更自信的员工（Chmielewski，2014）。这种方法符合尊重人格尊严原则以及辅助原则的实践目标。

结　论

对创业者而言，辅助原则会产生深远的影响，尤其是在团队建设方面。如果团队成员认为你在实现自己想法时过于僵化或固执，那么保持他们的热情，让他们的愿景与你的一致就会很费力。创业要求接受改变，愿意做出适应，并欣然坚守经营理念。在你的公司内部创造一种兼具包容性和激励性的文化可以授权员工和团队成员对企业的成功做出有意义的贡献。不论背景、技能和受教育水平如何，在知道你在意他们的投入，愿意听取他们的建议，所有人都会超越期待。实际上，辅助原则的目标因此就在于带出最好的员工，确保企业活动始终以公共利益为导向。

第 8 章　问题研究

什么是辅助原则？

辅助原则的三大特征是什么？

是否可以举出辅助原则的实例？辅助原则对于企业组织重要吗？原因是什么？

什么是人格尊严？人格尊严与辅助原则有何联系？

什么是公共利益？公共利益与辅助原则有何联系？

什么是储蓄互助社和信用合作社？辅助原则是如何应用到储蓄互助社和信用合作社的运作模式中的？

第 8 章　练习

李先生是一位成功的创业者，他经营着一家生产休闲服装的企业。李先生创办了这家企业，为企业的成功发展倾注心血。他长时间在制衣厂和办公室工作，认识企业的许多员工，亲力亲为地监管企业运作的每一个环节。只有在企业运作的每一个环节都在其掌控之中时，李先生才能感到安心。

最近，李先生收购了柬埔寨一家老牌制衣厂的控股权，他经常飞往柬埔寨视察制衣厂，有意直接参与制衣厂生产和管理工作的各个环节。李先生需要一名翻译，经常因需要时间来翻译每一处细节感到沮丧。自从李先生买了这家柬埔寨制衣厂的控股权以来，人员流动增加了。尤为困难的是资深员工的离职，他们跳槽到其他公司。制衣厂的生产水平下降，质量管理也成为一个问题。

李先生就在柬埔寨遇到的局面向您咨询。您会为李先生提出什么建议？辅助原则会对李先生解决所面临的局面提供任何洞见吗？

术 语

序言与引言：

创业者指的不是作为员工工作，而是经营着一家小型企业的个人，他承担着一家特定商业企业、理念或者用于出售的商品或服务的全部风险并享受其回报。创业者一般被视为企业领导者或提出新想法和业务流程的创新者。

职业在狭义上指某些有着高度自治、正式培训、共同伦理观、共同标准和纪律程序的工作。广义而言，它指拥有这些属性中的某一些而非全部的其他（包括创业者的）工作。

公共利益指让人们和社会得以取得成就的社会条件总和。

辅助原则是说："高级别社会不应干预低级别社会的内部生活，剥夺低级别社会的职能，而是应在需要的情况下给予低级别社会以支持，协助低级别社会协调其与其他社会阶层之间的活动，并始终考虑公共利益。"

【备注："辅助原则（subsidiarity）"与"辅助（subsidiary）"含义不同。】

“Subsidium”在拉丁语中义为“协助”。

团结指在一个复杂的社会内，所有人员相互依赖的状态。

“洗绿”描述了如何将一个企业提升为环境行动的出色贡献者，而事实上该企业并非出色的贡献者，甚至还可能正在造成环境伤害。

第 1 章：

尽职调查指一个通情达理的人在与另一方签订协议或达成交易前应采取的谨慎措施。

借贷人指为另一方提供资金，要求另一方在偿还本金的同时偿还附加利息和/或费用的个人或组织。

投资者指以获取经济回报为目的投入资金的人士。

知识产权是一种无形财产，如专利、商标、著作权和设计。它们有时候受到法律保护，有时候通过保守秘密而受到保护。

利益相关方指与企业或项目存在利益关系的一方。利益相关方包括投资者、员工、客户、供应商、当地社区、政府和行业协会等。

管理团队指负责企业指导工作的管理人员或高管团队。

诚信指诚实公正的品格。诚信也可用于指代一种完整的状态，具体表现为一个人的思想和行动保持一致。

市场交易指下至买卖，上至经济体系的交易组织方式，企业通过这种交易组织方式相互竞争，争夺客户。

财务信息透明度指投资者可随时获取投资公司必要财务信息的

程度，该等财务信息包括价格水平、市场深度和经审核的财务报告。财务信息透明度是实现自由有效市场的默认先决条件之一。

第 2 章：

全球化指企业经营范围不再局限于国内市场，扩及全球各地的其他市场，从而提升全球各地市场互联性的趋势。

数字化指利用数字技术改变商业模式，提供新收益和价值创造的机会。数字化是迈向数字化企业的过程。数字化还指身处世界各地的人借助电脑、智能手机和互联网等数字化技术相互联系的方式。

国有企业指由国家组建成立，代表国家参与商业活动的法人实体。国有企业包括政府独资成立的企业和政府参股的企业。

工作场所安全指为保证工作场所内员工安全和健康而制定的政策。工作场所安全还包括依据政府标准排查和控制风险以及持续为员工提供安全培训和教育。

三重底线（TBL）由学者约翰·埃尔金顿（John Elkington）于1994 年提出，分别指企业的经济底线、社会底线和环境底线。除衡量企业的经济价值外，三重底线还会通过“人力资源账户”评估企业的社会责任，通过“地球资源账户”评估企业的环境责任。

可持续性指以不耗尽资源以及不对资源造成永久性破坏为前提而获取或利用资源的方式。常见例子为环境可持续性，即企业实施有助于减少或消除浪费和污染的工作。

真诚指不采取欺骗和胁迫行为，是一种真实诚恳的品格。

经济伦理是指导企业经营、做出商业决策和企业待人方式的一套道德准则。

第 3 章：

智慧指利用经验、知识和良好判断力做出明智行动或明智决策的能力。

直觉指依据本能感觉，而非有意识的推理知晓或预测某事的能力。

文化是在一个特定社会、群体、地点或时间段内对观念、习俗、艺术和规范的统称。

第 4 章：

腐败指管理人员和政府官员等身居要职的掌权者所做出的有违诚信的行为，如贿赂、挪用公款、欺诈、洗钱以及向他人提供不适当的礼物。

公正指按个人之所应得进行分配。公正强调了社会法制环境、违法行为判定和惩戒过程的重要性。

公共利益指“所有让群体和个人得以以更加方便的方式取得更全面成就的社会条件”。

恕（互惠原则）是对“己所不欲，勿施于人”这条黄金规则的总结表达。

徇私指漠视每个人都应平等待人这一原则，对人进行区别对待的不公正行为。

举报者指掌握有关组织内部违法行为的内部消息并进行举报的

人员。举报者可以是员工、供应商、承包商、委托方以及任何目睹或从他人口中得知企业内部违法行为的人员。

企业文化指决定一家企业内部和外部运作以及企业对关系的看法和管理方式的观念、价值观和行为。在大部分情况下，企业文化都是一种隐含的文化，并无明文规定，企业文化是在所有企业员工特征的基础上逐渐形成的。一家企业的着装要求、营业时间、办公室布置、员工福利、营业额、聘用决定、待客方式、客户满意度和企业经营的其他方面都会反映出其企业文化。

第 5 章：

应用伦理指以检验实际道德决策和处理企业、政府、社会和环境所面临的道德问题为目的，对哲学方法的批判性利用。

污染指使土地、水和空气变得不洁净、不安全或不适合人类日后使用的行为或过程。

化石燃料指地球上由动植物遗体形成的燃料，如煤、石油和天然气。

废弃物指人类活动所累积或产生的废料，如厨余垃圾。

自然资源指世界所拥有的自然财富，如土地、森林、矿产和水资源。

第 6 章：

整体性（Holistic）指的是把所有事物都看作是相互联系的，而不是把所有部分或方面都看作是独立的。在描述人的情况下，整体性指将人视为一个完整的实体，而不是把人分为不同的方面，如把人的肉体和精神区分开来。

优秀标准指不仅符合所有相关法律规定，还指超越法律规定，实现伦理方面的期望和普世价值观（如：诚信和廉正）的行为或业务经营方式。

第 7 章：

瑞士学者福沙尔（E. Fauchart）和格鲁伯（M. Gruber）将创业者的身份分为三种：达尔文主义的创业者、社群主义的创业者、传教士主义的创业者。

1. **“达尔文主义”**创业者专注于创立一家强大成功的企业。

2. **“社群主义”**创业者专注于为潜在用户提供有帮助的服务或产品。

3. **“传教士主义”**创业者专注于实现特定社会目标的事业或对实现特定社会目标的追求。因此，“传教士主义”创业者的一大特征是创新能力。

品格是基于指导个人行动和决策的观念、价值观和原则，对个人习惯、行为和做法的总结表达。

儒商指遵循“仁恕”等儒家道德原则创立和经营企业的个人。

企业社会责任（CSR）指为所有利益相关方带来经济、社会和环境方面的利益，从而促进可持续发展的一种商业方法。

“仁”在儒家智慧中指个人履行社会责任所秉持的精神。虽然“仁”有多种含义，但人们通常都把“仁”理解为“慈爱、善良、仁慈”。

“义”在儒家智慧中指行好事的能力。不论结果和目的如何，一个人做出特定行为只是因为这样的行为是善意和正当的，而不是出于其他原因。

“礼”在儒家智慧中是人类行为的指导原则，对个人有关社会关系和责任的决策和行为发挥着指导作用。

“信”指公平诚信的品质。

领导者指具备特定品质，使其可以承担指引他人思想和行为朝着特定目标前进发展这一重任的人。

君子在儒家思想中的释义是“有教养之人”，即了解他人需求，堪称道德典范的仁者。

小人在儒家思想中的释义是“心胸狭窄之人”，即思想和行动均以自身利益为先的自私自利之人。

美德指做好人，行好事的品性。美德的培养和体现引导个人思想和行为朝着善良、正当、公正的方向发展。

大同是孔子对于理想社会的概念，这一概念有助于说明“成为完人”的可能性和必要性。在大同思想中，理想社会不仅是一个人人皆有“共享观念”的社会，还是一个“天下为公”的社会。在大同世界中，人们“选贤与能，讲信修睦”，每个人都能履行自己在生活中的角色和所负责的工作（Rothlin & McCann，2016）。

第 8 章：

人权指全人类都应享有的基本自由，人权通常包括生命权、自由权、平等权、公正审判权、不受奴役和酷刑的权利以及思想和言论自由的权利。

储蓄互助社和信用合作社是提供金融服务的会员制组织，大部分储蓄互助社和信用合作社都是非营利性的，储蓄互助社和信用合作社的主要服务包括储蓄、贷款和财务管理基础教育，其成立的目的是让本就少有或根本没有机会获得支付重大款项或创业所需资金的人能够获得资金。储蓄互助社和信用合作社旨在提倡储蓄，从而增加人们获得实现经济独立或自给自足所需资金的途径。

当责指对一个人能够对其行为承担责任的期望和要求。在商业中，当责措施指特定的行为限制，逾越这些限制就必定会出现纠正某种行为或习惯的后果。当责亦指以防止员工做出有违伦理或法律规定的行为，鼓励最佳实践为目的的一种或一系列措施。

BUSINESS AND PROFESSIONAL ETHICS: TOWARD A COMMON GROUND

THE CONCEPT OF A PROFESSION

A broad definition of a profession would include the following elements:

An occupation or work carried on for reward or voluntarily.

An occupation or work which requires a particular set of skills or training or experience.

An occupation or work which is undertaken according to ethical principles and standards.

An occupation or work which contributes to the common good.

An occupation or work where the worker has personally held beliefs about conduct and responsibility in practice.

An occupation or work where the practice is shared with other professionals, who seek common standards and ideals.

An occupation or work which is accountable in some way to the public.

In this broad sense, the occupation or work of an entrepreneur is a profession. There is a narrower—and more traditional—understanding of profession, drawn from the occupations of medicine, law, teaching, and other formal professions, which have already developed shared ethical standards, and shared standards of skills, training, and experience, and shared associations (Professional Standards Council, undated). Entrepreneurship has a long history in our world, but has not always been viewed as a profession. Now, however, responsible entrepreneurs are seeking professional standing, and the professional entrepreneur can learn from these longer established professions. Let us explore, in this chapter, the ethical convergence of business and the professions.

WHAT IS PROFESSIONAL EDUCATION?

Professional education, as the term implies, is education specifically intending to prepare people for work as professionals, that is, as practitioners of various recognized professions. Originally, profession signified the process of making certain vows in order to become a member of a religious order. In post-Reformation Europe, as well as British North America, the meaning of the term was secularized and applied to the three learned professions: Divinity, Law, and Medicine, each of which was the object of university programs offering "professional education." Professionals were regarded as persons having a "calling," to which they responded by submitting themselves to appropriate training that would permit them to exercise specialist knowledge and skills. As the universities evolved, so, too, professional education became increasingly based in the sciences. The requisite knowledge and skills were continually upgraded in light of further progress in the relevant sciences.

Professional education, then, is specific to each of the professions, and is generally undertaken within universities, where research is ongoing, in order to ensure that the training of professionals reflects the latest advances in science relevant to the development of best practices in the professions. The assumption that professional expertise is science based, and therefore continually open to further investigation, and best made accessible through enrolment in university programs, is a hallmark of modern professions, which distinguishes them from the organization of guilds, craft and trade unions, and other labour associations of historic significance. Professionalism is unmistakably elite in the status that its members claim for themselves. Professionals are educated to think of themselves as colleagues and not employees, loyal to their professional identities as well as to the institutions that employ them.

There is no definitive list of professions, since the areas of expertise or professional practice that define them continue to differentiate themselves, as knowledge and skills expand, and demonstrate their social utility. Accordingly, if we define profession and professional education too narrowly it would include only the traditional areas of skilled service, for examples, law, medicine, and teaching. If we define them too broadly, it would include anything, e.g., cosmetology, in which a certain skill set is required for practice. Within the modern, or "secular" model of society, professions are defined within an implied social contract. The professions are more or less self-governing through (government accredited) professional associations, with definite rules for entry (e.g., the Bar Exam for lawyers) and exit (e.g., Disbarment Procedures for lawyers convicted of malfeasance) enforced by the professional associations. Thc implied social contract guarantees autonomy or a large degree of autonomy to the professions, in exchange for their adherence to an ideal or ethic of service to society, or to the common good. Other occupations will have all or some of the traditional hallmarks of a profession. Our understanding that entrepreneurship can be taught, and has professional ethics, suggests that the responsible entrepreneur should receive formal and informal training in professional ethics.

WHAT IS THE ROLE OF PROFESSIONAL ETHICS?

Precisely because of the degree of autonomy granted to the professions by society (and government), they must regulate themselves, and thus must have a moral compass for doing so. Hence Professional Ethics is prominent in all professional associations, whose charter documents prominently feature a Code of Ethics. Indeed, it is the generally acknowledged superiority of their moral commitment (that is, "to a higher calling") that enabled professional associations to become self-governing. How the specialist knowledge and skills should be regulated by a voluntary association of professionals providing a service to the public requires ethical reflection and is termed "Professional Ethics." The assumption is that "professionals are capable of making judgments, applying their skills, and reaching informed decisions in situations that the general public cannot because they have not attained the necessary knowledge and skills." General education, however effective, cannot empower ordinary citizens to make informed decisions regarding the practices of professionals. By the same token, these decisions arguably are beyond the competence of government regulatory agencies. While professional education and general education shared a common set of moral assumptions, the specialist knowledge and skills of a professional set them apart from ordinary citizens. If anything, the privileges afforded to professionals and their associations means that the citizenry rightly expect them to show moral leadership beyond the standards that citizens are expected to observe.

The difference between public morality—the minimal expectations demanded of all citizens—and professional ethics may be seen by considering briefly some examples. One of the economic rights normally assumed as common to all persons is the right to earn a living. In a market economy, in theory there are no barriers to entry into the market. If an entrepreneur wants to start a business, there is no requirement for an MBA to do so, nor must the entrepreneur be a member in good standing of some professional association. Of course, the entrepreneur must observe whatever regulations the State requires for registering a business and accounting for its outcomes, but the entrepreneur does not have to acquire the specialist knowledge and skills of a professional, or achieve certification in them through formal training and admission into a professional association. So long as one has a business plan, access to the capital required to fund it, and has complied with the State's registration requirements, the entrepreneur is free to go into business.

Nevertheless, meeting the demands for accountability that inevitably a business will face, especially if it begins to flourish in the marketplace, may lead the responsible entrepreneur to two results: First, the entrepreneur may engage the services of professionals—an accountant or a lawyer, for example—who have the specialist knowledge and skills necessary to assist the entrepreneur in achieving compliance not only with the law, but also with the expectations of various stakeholders. Second, the responsible entrepreneur may come to realise that in a broader sense entrepreneurship is a profession. Business ethics may define the standards and best practices for entrepreneurs, but these are not enshrined in a professional code of ethics and enforced by a professional association in the ways that the ethics of accountancy or the legal profession usually are. Business methods and ethics can be taught, and certificates given, although there is no specific responsibility for training—the entrepreneur may learn in the progress of work. The responsible entrepreneur can serve the common good, although in ways that differ from a doctor or an accountant.

BASIC PRINCIPLES FOR ADDRESSING THE ETHICAL CHALLENGES FACED BY ENTREPRENEURS AND PROFESSIONALS

Four principles constitute the very heart of ethical education for entrepreneurs and professionals. These are the principles of (1) the dignity of the human person; (2) the common good; (3) subsidiarity; and (4) solidarity. The phrase "dignity of the human person" is well known, but some definition can be given for the other three principles. These four and their interrelationship are well presented in the handbook issued by the Dicastery for Promoting Integral Human Development, "The Vocation of the Business Leader" (Dicastery, 2018).

The common good is not the simple sum of the particular goods of each subject of a social entity. Being common it is indivisible, since only together is it possible to attain it, increase it and safeguard its effectiveness. The common good is the sum total of social conditions which allow people, either as groups or as individuals, to reach their fulfilment more fully and more easily. Although everyone is responsible for the common good, its pursuit is the specific responsibility of the State, for which it exists.

The third principle, "the principle of subsidiarity" establishes a rule for implementing the first two. The principle of subsidiarity presupposes that the social order consists not just of individual persons and the State, but also a civil society constituted by intermediate social groupings—starting with the family—which are the first relationships to arise and which come about thanks to the personal creativity of the citizens. The challenge is to understand how persons, their families, and the range of public and private voluntary associations in which social life unfolds should work together to preserve human dignity and enhance the common good. The principle of subsidiarity asserts that all societies of a superior order must adopt attitudes of help ("*subsidium*") — therefore of support, promotion, development — with respect to lower-order societies.

"Solidarity" is a normative response to the descriptive fact of interdependence. Solidarity names both a social principle and a moral virtue, both of which aim to realize the common good.

Education for business and the professions does not condone an excessive emphasis on the individual. The common good requires sacrifice and self-discipline, particularly in disciplining one's personal ambitions, in order to ensure that everyone's aspirations are equally respected. What the formulation of these four interrelated principles offers is precisely a path toward the cultivation of the habits that are necessary, if the common good is to be truly common for all.

TOWARD PROFESSIONAL ETHICS FOR THE RESPONSIBLE ENTREPRENEUR

The points discussed in this section apply as much to business entrepreneurs as to other professionals, and may be extended as a model for ethical reflection in all professions.

Among the principles that inform all useful models of professional ethics, we recall the principle of meeting the needs of the world with goods and services which are truly good and which truly serve without forgetting, in a spirit of solidarity, the needs of the poor and the vulnerable; the principle of organizing work within enterprises in a manner which is respectful of human dignity; the principle of subsidiarity, which fosters a spirit of initiative and increases the competence of the employees—considered "co-entrepreneurs"; and, finally, the principle of the sustainable creation of wealth and its just distribution among the various stakeholders. The methodology which can be used is simple: "seeing, judging, and acting."

First, in "seeing" we discern four key factors affecting business and professional activity today, that challenge the desire to exercise leadership responsibly. The first three are: (1) globalization, (2) new communication technologies, and (3) the financialisation of the economy. The fourth factor, (4) cultural changes—in particular, the challenge of individualism and accompanying moral systems of relativism and utilitarianism—may arguably present the greatest dangers to responsible professionals and entrepreneurs.

Second, in "judging" we can draw conclusions based on ethical principles. Interdependent activities which entrepreneurs and professionals should support include: (1) addressing genuine human needs through the creation, development, and production of goods and services; (2) organizing good and productive work; and (3) using resources to create and to share wealth and prosperity in sustainable ways. The judgements made by responsible entrepreneurs and professionals demonstrate the relevance of the principle of subsidiarity for developing business organizations and policies, as well as practicing a style of management that is consistent with what is required by human dignity and the common good.

In making judgements, responsible entrepreneurs and professionals cannot ignore the fact that a business is a work of human persons, whose collective endeavors cannot help but transform their lives both materially and spiritually. Such a realization opens up the prospect for responsible leadership, where entrepreneurs and professionals can be invited to think beyond conventional goals to organize a human venture that will attract the enthusiastic support of all those involved in it.

From seeing and judging, we come, then, to "acting". This final step focuses on the gifted character of the opportunities and challenges of business and professional leadership. Entrepreneurs and professionals, as leaders, are involved in both receiving as well as giving gifts to others. Giving in such contexts means orienting one's business and professional activities toward a set of behaviours which foster the integral development of people. This entails addressing the demands of organizations with practices and policies which promote: personal responsibility, innovation, fair pricing, just compensation, humane job design, responsible environmental practices, social and socially responsible (or ethical) investment, and a host of other issues such as hiring, firing, board governance, employee training, and supplier relations. Fostering best practices within organizations leads naturally toward addressing larger issues in the same spirit, such as international regulations, anti-corruption practices, transparency, taxation policies, and environmental and labour standards. Responsible entrepreneurs and professionals have an opportunity to use their influence, individually and collectively, to promote human dignity and the common good and not merely the narrow interest of any particular stakeholder.

One of the signs of the increasing professionalisation of business and entrepreneurship is that there are now thousands of institutions of higher learning world-wide which offer business programmes. An important aim is to include in these programmes training in professional ethics appropriate to particular kinds of entrepreneurship. Ethics is essential for business: it is not an optional extra. In the same way, ethics is integral to business education, as it is for all forms of general education (De

Bottignies, 2006)

PROFESSIONAL EDUCATION AND ETHICS IN SERVICE TO THE COMMON GOOD

A way must be found to restore the trust of ordinary people in the expertise, the good intentions, and the actual results of good professional practice. This desire for good professional practice applies not only to the traditional professions, but also to entrepreneurship. The first step on this way is to admit that there is a problem, a crisis of legitimacy not yet fully understood, but one that surely reflects the deterioration of commitment to human dignity and the common good, at all levels of society.

Any step, no matter how modest, is a help to developing responsible entrepreneurs and professionals. One example of such is the Centre for Distance Education at Macau's Saint Joseph University, whose mission is adult education, reaching out to people in business and the professions who are beyond school age, or who never had the opportunity for formal education in schools and universities. Focusing on the specific concerns of people in business and the professions (however defined) will serve to improve the general interest in ethics and education and make it more practical.

The apparent failure of ethics in the professions, broadly understood, is a major symptom of the revolt of ordinary people against the elites who claim the expertise and authority to govern them. If a just, honest, and effective business environment is to be achieved, it must be anchored in a rediscovery of the basic commitment we all should share to the common good, and implicit within it, a basic respect for the dignity of each person, no matter how modest his or her contribution to society as a whole.

NOTE

Some of the concepts in this introduction were developed by Professor Stephan Rothlin in a seminar at the Chinese University of Hong Kong (Rothlin, 2018).

CHAPTER 1

DUE DILIGENCE

The phrase "Due Diligence" indicates a careful or diligent application of professional skill to examine a business before entering an agreement between two parties (Chen, 2021). In this chapter, we will focus on due diligence as it applies to and is undertaken by investors or creditors interested in investing in your business. When an investor or other potential contractor undertakes due diligence, they bring to this task a variety of professional skills. Each of these professional skills is supported by the professional ethics of the diligent examiner.

At some stage in the development of a business, the Responsible Entrepreneur may need additional capital. This will usually be for the expansion of the business. The entrepreneur may be seeking additional capital as an investment. Or the entrepreneur may be seeking additional funding from a supplier. Sometimes the entrepreneur may indirectly seek capital, by asking a supplier to expand their business in order to expand the entrepreneur's own business. Any investor or supplier or creditor who agrees to support you in your effort to build a successful business will take on some degree of financial risk. In order to protect their investment, the investor or lender has a right to honest and candid disclosure from you about the details of your business.

Due diligence will normally be conducted by a potential investor or creditor or even a supplier. But due diligence may also be conducted by the entrepreneur themselves, in order to provide a clear picture. This is sometimes called “sell-side due diligence”.

To build successful and lasting business relationships, *honesty* is the best policy. Of course, from an ethical standpoint, honesty is a key virtue. In addition, in the long term, it brings about the best results. Honesty protects you from the temptation to deliberately withhold information, or give false information. True information must be given, even if it is embarrassing. In the end, everyone values truthfulness.

In business, and especially in entrepreneurship, cultivating trust is paramount. Your enthusiasm and your optimism are certainly desirable qualities for you as an entrepreneur, but to build trust you must join honesty to these qualities. Then you will avoid the temptation to exaggerate facts or even deceive a potential investor. Dishonesty will inevitably be counterproductive. Dishonesty could lead to the failure of your business. Remember, responsible entrepreneurship is principally about your responsibility. You can act responsibly by fulfilling the needs and respecting the rights of those who support the founding and growth of your business. Entrepreneurship can and should be a win-win scenario every time.

MEN MING

Men Ming, Dean of the School of Distance Education at the University of International Business and Economics, was interviewed on the topic of Responsible Entrepreneurship. Dean Men stated that it should take into consideration not only your investors, but also your customers, your local community, the environment, and all other stakeholders. Some have a financial interest in your business. Others will have a non-financial interest which is also important. Dean Men further reflected that such a responsibility needs to have a long-term, rather than a short-term, focus.

Dean Men cited a case study of Barings Banks, which is a famous example of the relationship between business and morality. Although the bank had a history of over 200 years, it was closed when a huge loss was caused by a culture of irresponsibility and cheating (Tayari & Seng, undated). Remember, if such a disaster can happen to a well-known bank, it can happen to you. Business decisions are real and have real consequences.

Due diligence is not only about your accounts. Dean Men has reminded us that there are many other dimensions. Your business plan is important. Your key team of partners or workers is important. You market, now or in the future is important. Your compliance with laws and regulations is important. These and other factors will all be part of due diligence.

Due diligence is also an important step for the responsible entrepreneur. Sometimes the entrepreneur has been so busy establishing and running the business, that he or she has lost sight of their original business plan. Due diligence gives the responsible entrepreneur an opportunity to carefully examine their own business.

THE IMPORTANCE OF TRANSPARENCY

When due diligence begins, do not assume that a potential investor or lender knows your business. Be prepared to start from the beginning, and explain clearly your entrepreneurial idea, and how it has worked out. Why did you begin in this business? What is the industry or area of business? How is your company constructed? What products of services are you supplying? What are your objectives, your processes, and your key performance indicators? When you are responding with due diligence, you should provide the essentials in a clear, straightforward way.

MARKET SHARE

Once you have provided an overview of your business, then a potential lender or investor will seek additional detail. One topic for attention is market share. When you created your business plan, you will have considered the current market, the buying behaviour of customers, any and all barriers to entry, and your projected market share. Now that you have reached the time for due diligence, you will honestly update your information, so that you now know current market share, and future projections. Perhaps your product or service has changed the market. What is now your share of the market, and what can you anticipate as a reasonable market share? Can you demonstrate your product to a potential investor?

As an example, Mr. Jean-Baptiste Monnier, the Senior Vice President for Asia Operations in Bentley Systems, was able to advise us how they practice due diligence when considering the purchase of a small business (Monnier, 2014). Mr. Monnier showed us that due business has many aspects including accounting and financial, including technical, as well as intellectual property, the skills of the employees and the market. Due diligence, Mr. Monnier said, also includes the processes which the business uses, and compliance with rules and regulations. The company which is investing in a business needs enough information to make a correct decision about an investment or purchase.

MANAGEMENT TEAM

Market share will include the potential skill of your team in helping your business to grow. A responsible entrepreneur will select competent and trustworthy workers. The training and past experience of these workers will help to explain potential for growth. Hiring and retaining good workers is a part of growing your market share.

Competition is an important dimension of the experience of entrepreneurs. Responsible entrepreneurs study their competitors carefully. It is important to identify your competitors when you identify your market. Your competitors may be offering the same products or services as you are offering. Or they might be offering different goods and services, but which would serve as substitutes to compete with your product or service. Then you can identify your "competitive advantage". Your advantage, your selling point, might be in your product or service, or it might be in a related point, such as your location. When you respond to due diligence, all of this information needs to be transparently available.

MARKETING STRATEGY

An important element in your business plan should be your marketing strategy. When an investor or lender seeks to examine your business, your marketing plan will be vital. Your plan will identify your current market, and how it has developed until now. Your plan for the future must be very realistic, not a wonderful fiction. Attracting new customers is likely to be costly, and you need to be transparent with yourself and with others as to potential costs. Not all markets are the same, and you must identify the actual costs in your market.

Marketing is not only about attracting new customers, it is also about maintaining the loyalty of existing customers. Existing customers, especially repeat customers, are valuable. They may be your best advertisement. An investor or lender will want to know the proportion of repeat customers, and your specific strategies to retain them. The use of rebates and other discounts for loyal customers is a common practice, but it comes at a cost. For example, giving new customers a discount greater than that available to existing customers, in order to get new business, may be a significant disincentive to loyal customers. Your investors expect the responsible entrepreneur to be prudent and knowledgeable about marketing strategy.

Your brand is a valuable part of your business plan, and of your marketing strategy. Your brand is like your face: it is what your customers and the public can perceive. Your brand helps customers and the public to differentiate your products and services from those of your competitors. A potential investor or lender will carefully check that your brand is clearly established, and that you have legal protection for your brand. Because markets are dynamic, not static, you will have processes in place to manage changes in perception of your brand.

LEGAL REVIEW

In the early days of a business, an entrepreneur can easily overlook the legal framework of a business. But if the legal framework has not been attended to from the beginning, then the entrepreneur must quickly and carefully remedy this oversight.

One aspect of legal review is compliance. China has laws and regulations from the national level to the local level. The responsible entrepreneur ensures that the business is fully compliant with existing laws and regulations. Also, the laws and regulations are constantly changing, so the responsible entrepreneur needs to have strategies in place to keep up with the changes. For example, recent years have seen the rapid development of laws and regulations relating to consumer protection and environmental protection.

Besides laws and regulations, every entrepreneur needs to be familiar with the policies relating to their particular field. Compliance with policies is only one aspect of legal review. Policies may also open up new opportunities, with government support, for markets or for production. And then when it comes to due diligence, a potential investor or lender will examine the success of the business in compliance, and in taking advantage of new policies.

Many entrepreneurs have created new products or new processes which they are bringing to the market. Sometimes an entrepreneur will be seeking investment or loans in order to develop a new invention. Part of legal review is to ensure that all the intellectual property of the business is properly protected through trade-mark laws, copyright laws, design laws, and patent laws. At the same time, the entrepreneur needs to know the risk that their inventions or processes might infringe on the intellectual property of others. If there are potential disputes, these need to be included in disclosure.

To bring their product or service to the market, the entrepreneur will need a series of contracts. Some are with suppliers, and the entrepreneur should seek secure contracts with suppliers, with clear and accurate terms for pricing and quality. The whole supply chain is important. Then the entrepreneur is a supplier in their turn, and sales contracts also need to have clear and accurate terms for pricing and quality. Identifying potential risks, and providing best-practice contract documents, is important in building relationships with suppliers and with customers.

Employment laws and regulation are an important part of legal review. In the field of human relations, laws and best practice can overlap. The responsible entrepreneur will understand that human beings are not just a commodity. Legal obligations to employees will overlap with respect for dignity and attention to the personal situation of every employee. Although it may be difficult to quantify, your best employees may be your best asset.

FINANCIAL DISCLOSURES

A key aspect of due diligence is transparent financial disclosure. This is an opportunity for the responsible entrepreneur to show that they really understand their own financial situation. The entrepreneur must really understand the financial health of their business. Thus the entrepreneur must be familiar with the balance sheet of the business, with the income and expenditure statements, and with cash flow statements. Past budgets are important: if past budgets were not met, or were exceeded, the entrepreneur needs to know why. Then future budgets or goals are also important to attract funding from an investor or a lender. No investor or lender wants to give money to a business which is not well managed financially.

Due disclosure includes clear information about the past and present ownership of the business. Perhaps there are previous investors who have a share in the business. Some of these may not be involved in the day-to-day management of the business, but their interest must be balanced with any new investor or lender.

Financial disclosure also includes disclosure of the taxation situation of the business. The responsible entrepreneur will be familiar with the various taxes which are payable by the business, and will be up-to-date with payments. No investor or lender wants to be surprised by unexpected tax bills. Unpaid taxes may indicate that the business is not well managed. If there are ongoing disputes with taxation authorities about the assessment of taxes, this needs to be clearly explained.

DUE DILIGENCE IS NOT A FORMALITY

Problems can arise where a potential investor or lender has already made a decision to provide funds. Then the due diligence may not be careful, because those who are conducting the due diligence know that the result has already been decided. But both the entrepreneur and the potential investor or lender need the help of careful review. Then there are no hidden dangers. Everything will be transparent.

Using outside professionals may be a better option than using internal staff for due diligence. The outside professionals can act independently and provide ethical and professional quality. Depending on the type of business, multiple professionals may be employed. The best person to examine accounts may be an accountant. But do not expect an accountant to be an expert on intellectual property. Be prepared to employ the right experts for your situation: accountants, engineers, lawyers, patent attorneys, and other specialists should be very helpful.

DUE DILIGENCE BRINGS BENEFITS

Preparing for due diligence requires much effort and time. But this investment of time and effort will also benefit the responsible entrepreneur. By undertaking all these steps, the entrepreneur will come to know their own business situation better. Even if the proposed investment or loan does not happen, the entrepreneur need not be disappointed because the business will be better for the future. A study by Griffith University and the University of New South Wales found that many entrepreneurs did not know how to conduct due diligence, or only made limited efforts (Frazer et al., 2015).

The responsible entrepreneur will seek to act ethically at all times. Due diligence requires some particular virtues: honesty and transparency are such virtues.

CHAPTER 1: STUDY QUESTIONS

What does "Due Diligence" mean?

When is a responsible entrepreneur likely to be faced with "due diligence"?

How does "due diligence" relate to the business plan?

CHAPTER 1: EXERCISE

Over the past five years, entrepreneur Peter has worked very hard to establish his business. Peter has been successful, and the business may be attractive to a buyer. Peter enjoys the challenge of starting a new business, and he is willing to sell the business to a buyer, so that he can move on to a new business. Peter is preparing for a possible sale, and getting his documentation ready for a possible request for due diligence. This is not easy, because Peter has been very much involved in his business, and he has not paid much attention to paperwork. When establishing his business, Peter had borrowed money from a friend. The documentation has been lost, and Peter and his friend disagree over the details of the loan and its repayment. The friend now expects to be repaid by some shares in the business. As a responsible entrepreneur, what must Peter do in his preparation for the possible sale of the business?

CHAPTER 2

OPERATING IN A GLOBALIZED AND DIGITALIZED WORLD

You live in a globalized world. To access the MOOC which this book supports, you need a computer or a mobile phone and a connection to the internet. You are part of the World Wide Web. The technology which you use has been developed in many countries: the parts for your mobile phone or computer may have been made in multiple locations and assembled in another. The software which drives your technology has also been developed and delivered in multiple locations. When you buy something on the internet, it can only be delivered to your exact address through a complex process of logistics. And you probably make payment on the internet, another quickly developing aspect of our globalized world.

It would be almost impossible to step back to an earlier, localised time. The recent COVID 19 pandemic has caused us to rely on technology even more. Not only are big international corporations dependent on the internet, but even your local noodle shop now takes orders on-line and arranges delivery to your home. The owner of your local noodle shop has become an internet entrepreneur, joining entrepreneurs around the globe who are constantly deepening their digitalization and reaching to the most remote places in the world. You can be part of this, as a responsible entrepreneur.

EFFECTS OF GLOBALIZATION AND DIGITALIZATION

A few years ago, the Chinese company Alibaba raised 25 billion US dollars on the New York Stock Exchange (Dai, 2014). It was the world's biggest Initial Public Offering (IPO). The funding came from investors around the world, brought together digitally. No-one had to count 25 billion dollars in paper notes, because everything was managed on-line.

Chinese entrepreneurship has broken new ground in many ways. Since reform and opening began, Chinese state-owned enterprises (SOEs) and private enterprises have been transformed, quickly becoming globalized and technologically astute.

Now a new era in globalization is taking place with the massive and complex projects of the Belt and Road Initiative. China's economy is becoming even more linked to the global economy, and in more diverse environments. Over the continents and along the sea lanes, the Belt and Road Initiative is making opportunities for China's enterprises and for foreign enterprise partners to create twenty-first century business.

ETHICS AND RESPONSIBLE ENTREPRENEURS

These rapid changes challenge us to think more deeply about the spirit of this transformation. What is its ethos socially and culturally? What are to be the core values and the ethics of these new or renewed enterprises? A responsible entrepreneur does not live and work in a vacuum. Our entrepreneur must be alert to the social and political context of government. The entrepreneur seeks to understand the social causes in policy changes, and to seek a "win-win" situation with all stakeholders, including governments. A responsible entrepreneur must also be alert to the new ethical challenges constantly being created by new technology and new practices. Ethical obligations such as workplace safety, employee health and privacy, job security, waste management, and environmental sustainability may have new meanings. A responsible entrepreneur must also know their own values and be consistent in these. Moral consistency will be attractive in a constantly changing marketplace.

Austrian-born Peter Drucker has been called a "master of management". He said that the basic principle of business is to help contribute to a better functioning society, creating value for his customers and hence for society (Drucker, 2003). Drucker suggested that management must be socially constructive and ethically positive. So can business be a force for good? Our responsible entrepreneur is part of this movement to be a "force for good".

In our globalized world, our responsible entrepreneur seeks to live values which are both local and global. Within China, we have seen the gradual integration of a socialist framework along with a capitalist business management and culture. There was a period of transformation when former state-owned enterprises became semi-state and semi-private enterprises. This created an unprecedented situation, where some entrepreneurs lost their sense of values, and exploited or manipulated public resources for personal and private benefit. Over time, better rules and regulations have been developed, but some entrepreneurs still have habits of ignoring or avoiding compliance systems. This situation requires a return to strong, shared values. Beyond China, our responsible entrepreneur must deal with enterprises that do not share either socialist or capitalist values. Global ethics are varied, and responsible entrepreneurs will encounter Islamic ethics alongside many other traditional ethical systems.

The field of Human Resources (HR) sets many challenges. Dr. Christine Lai has shared with us her experience in fields such as banking and education (Lai, 2014). Dr. Lai has told us that ethics which are grounded in people, as well as the behaviour of people in leadership, are so important for success. Moral values, she tells us, need to be sustained, not just short-term. Sustained values, which are reflected top to bottom in an organization, actually provide a competitive edge for enterprises. By contrast, unethical behaviour brings harm to an organization, and is dangerous.

In our digitalized world, many direct human encounters are now being replaced by digital encounters. There is a new emphasis on working from home, which creates a distance between people. Digital meeting platforms like VooV Meeting are becoming more popular. A responsible entrepreneur will adapt to the new situation by sustaining ethical values in digital encounters. People are still people, even though we may only meet them digitally. When ethical values are written down in professional or corporate codes, they may need to be reviewed and reinvented in this continually evolving environment.

Another new dimension for HR is the encounter with practices in other countries. The Belt and Road Initiative enables some Chinese enterprises to operate abroad when they have not done so before. These enterprises face new challenges in employment customs and practices, in employment laws, in safety and training, and in management styles. Sustaining the enterprise's ethical values in a global environment is an exhilarating challenge.

TRIPLE BOTTOM LINE

Dr. Lai has found the image of the Triple Bottom Line a helpful one. Of course, one of those "lines" is already familiar. This is the financial bottom line which measures profit and loss. This is essential. Even social enterprises such as credit unions or community micro-finance institutions need to attend to profit and loss. But the Triple Bottom Line adds two more "lines". The second "line" measures social responsibility. And the third "line" measures environmental responsibility (Slaper & Hall, 2011). In practice, the second and third lines may be more difficult to measure. But just as financial reporting has developed professionally over centuries, similarly social and environmental reporting has become more detailed and more accurate (Elkington, 2018).

Consumer practice is globally complex. Consumers show concern for the social origins of products, including truth and safety in the description of contents, purchasing at fair prices, geographic origins, the elimination of slavery and similar conditions of labour, and for protection of local traditional industries. Consumers also show concern for the sustainability of the resources used in manufacture, for the environmental impact of technology, and for the environmental impact of large-scale production.

Just as we have witnessed major financial frauds, so we have witnessed social fraud in fake products and false labelling, and we have witnessed environmental fraud in illegal dumping of waste. Environmental fraud has produced a new word "greenwashing". This word, in parallel with the earlier word "whitewash", refers to unethical descriptions of products and processes as environmentally friendly, when in fact they are not, or token environmental protection programs which mask environmental damage. The gradual development of professional measurement and audit in the social and environmental fields is helping to expose frauds. The Triple Bottom Line is a useful professional tool for the responsible entrepreneur.

CULTURE AND ENTREPRENEURSHIP

One of the virtues of the responsible entrepreneur is humility. The entrepreneur will want to be familiar with her own ethics and culture. Given that China has a rich and complex tradition this will not be easy. The entrepreneur will have some familiarity with modern socialist ethics. But at the same time, there are many schools of thought within the Chinese tradition. Some of these, like Confucianism and Daoism, have developed locally. Others, like Buddhism, have come from afar. It takes some humility for the entrepreneur to admit that they do not know everything, and to seek deeper understanding.

The globalization and digitalization of our age has led us into new challenges of culture and ethics. Current policies in China encourage entrepreneurs to "Go West" (Western Great Development) and to "Go Out" (Going Global Strategy), as now included in the Belt and Road Initiative. These policies bring entrepreneurs into contact with different cultural, ethical, historical, and religious perspectives. Even though international business is in some ways homogenous, digitalization may mask important differences and expectations. The responsible entrepreneur will be sensitive to these differences and will be knowledgeable enough to communicate well when unexpected difficulties arise.

It is rare to find someone who is really at home in multiple ethical and cultural systems. Professor Edmund Kwok is researching human wisdom (Kwok, 2014). Professor Kwok is concerned that even valued traditions, such as Confucianism, which first developed in agrarian societies will need to be re-interpreted for our cyber-age. But philosophies like Confucianism are actively developing. The entrepreneur cannot wait until philosophical questions are settled, business must be done when possible. Rather, the entrepreneur is a responsible participant in the ongoing process of adaptation. Just as the entrepreneur is humble enough to consult specialists in areas such as engineering or accounting or law, so the entrepreneur should also be willing to consult specialists in ethics, in religions, in culture, and in history. Globally, this will create a "win-win" situation where all participants can benefit.

PERSPECTIVE AND ENTREPRENEURSHIP

Every entrepreneur is potentially a professional, operating in a globalized environment. Even a small-scale entrepreneur with only a local market is actually part of a global picture. Professor Stephan Rothlin, the CEO of Rothlin International Management Consulting, has pointed out that local unethical practices in a field such as food safety can have global consequences (Rothlin, 2014). We all remember when the news about milk safety became a global concern. There are other local stories of unethical and illegal activity which are picked up by global media.

Most entrepreneurs really enjoy their work. They may not think much about management theory or traditional ethics, but entrepreneurs do bring to the task the values which they hold. Although it can seem challenging to take a small enterprise into a global and digitalized environment, some entrepreneurs have successfully done that. Some have found success even in a time of crisis, such as a pandemic. For these entrepreneurs, a crisis contains an opportunity. Yet the busy entrepreneur does not take for granted that the right values are being implemented in the enterprise: the entrepreneur is able to articulate the important values, to sustain them, and to honour them in difficult situations. Ultimately these are the values which will be recognized by customers and by the public. Where customers and the public can have confidence in the entrepreneur, and can trust the entrepreneur to be fully professional, then they both will win.

This cultural and ethical perspective needs to be embedded in the enterprise. Ethics is not just a private matter for the entrepreneur. An entrepreneur manufacturer was surprised when a good and trusted supplier wanted to withdraw from further supplies. Enquiry showed that the purchasing staff of the manufacturer were privately demanding money from the supplier, putting pressure on the supplier by making it difficult for the supplier to operate. Of course, the entrepreneur was able to dismiss those unethical employees. But the case also shows us that the ethics of the organization need to run from top to bottom, and from bottom to top. When supply chains are global, it is more difficult to track individual suppliers, and thus more important for the ethics of the entrepreneur to operate to the furthest link of the supply chains.

CONCLUSION

The world today is globalized and digitalized. Surely this trend will increase as we become more connected. The opportunities for the global entrepreneur are exciting, and ready to be realised. However, the dangers of unethical practices have not disappeared, they are taking new and more complex forms. Live and work by your values, and you will experience the true potential of our age.

CHAPTER 2: STUDY QUESTIONS

What is globalization? How has it impacted the business world of today?

What is digitalization? What are its characteristics and its uses?

What is the Triple Bottom Line? What is its purpose?

How can you, as a responsible entrepreneur, prepare yourself in practical ways to conduct your business in a globalized and digitalized environment?

CHAPTER 2: EXERCISE

Your company has entered into a joint venture with a mining company in the country of Utopia. Your company does not have control of the joint venture, but only a 15% share. You rely on the ore produced by the joint venture for your industrial processes. Unconfirmed reports on social media suggest that there have been strikes by workers at the joint venture mine-site, complaining of late payment of wages. The government of Utopia does not permit any reporting of strikes, as the government is afraid that strikes will discourage foreign investment. You email the Manager of the Joint Venture, asking for more information. You receive a reply that you need not worry, and that the situation is well in hand.

What should you do?

CHAPTER 3

MAKING WISE DECISIONS

INTRODUCTION

Each chapter in this book has its origins in the research done for the Second MOOC on Responsible Entrepreneurship. This particular chapter especially draws on the work conducted by Professor Mike Thompson in research on the "Wisdom Prism" (Thompson, 2017), which was already shared with you in Book 2 of the Applied Ethics Series, *Responsible Entrepreneurship—Good Leaders Make Good Business* (Thompson, 2019). This new book further develops that research and provides additional observations.

Business, global and local, is full of decisions. The responsible entrepreneur will make decisions every day. Some will be about major issues, while others—perhaps just as necessary—will be about minor issues. The key for the entrepreneur is to make wise decisions. We must admit that we can make poor decisions, and that poor decisions can have negative consequences. And it is because of their consequences—good or bad—that many of our decisions have a moral dimension. Our decisions impact morally on ourselves or on others. Thus we seek to make the best possible decisions—wise decisions.

Local cultural factors may be significant in how decisions are made, but cultural factors will not change the necessity of making decisions. The responsible entrepreneur, operating in a culturally diverse world, must make her decisions wisely. The responsible entrepreneur will draw wisely on his/her own culture and traditions but will also be alert to the culture and traditions of other peoples involved in the business.

WHAT IS WISDOM?

The concept of wisdom and the practice of wisdom, have no national boundaries. But our world is not uniform. Every individual, every culture, every religion or social belief has its own version of wisdom. We are global and local at the same time. Globally, we understand that we all occupy this one planet. The recent experience of the coronavirus, which has no respect for boundary lines on a map, reminds us of our global unity. Yet locally we also understand the importance of local experience, local culture, shared religious belief, and other local differences. So how are we to understand wisdom? A practical answer is to seek common ground, thus including both the local and global dimensions. We can understand that wisdom permeates the whole person, guiding our knowledge and experience and action towards that which is good and true. In business, wisdom is a necessary pre-requisite to proper decision-making because it forms the basis for interpreting any given scenario.

One experience of wisdom is contained in the richness of Chinese culture. In Chinese, the etymology of the term wisdom (*zhihui* 智慧) has a two-fold meaning. The first part of the compound word, *zhi*, concerns the practical intellect, while the second part, *hui*, describes the human capacity for insight or intuition. However, the compound word brings the two parts together into one whole. A sharp, practical intellect, directed at correctly interpreting information that is readily apparent, is balanced by a sensitive intuition, aimed at discerning potential and opportunity that is not apparent, or at least not confirmed by an initial observation of the facts.

Through developing habits, through developing thoughtful ways of acting, we can cultivate wisdom. Wisdom does not come by chance. The Chinese experience of searching for wisdom includes a number of elements. One is for the responsible entrepreneur to develop his practical intellect through diligent study and the cultivation of good habits. A responsible entrepreneur can study the lives of great business leaders of our own times, and of earlier times. Thus they become our teachers. Another element is for the responsible entrepreneur to be reflective. The entrepreneur is attentive to their own experiences (and the experiences of others) and does not blindly repeat errors. Dr. APJ Abdul Kalam, the scientist who became President of India, is credited with the saying "Your best teacher is your last mistake." Self-reflection on both success and failure is time well-spent. Self-reflection through a journal, or through conversations with a mentor, or through structured conversation with a trusted friend can help the responsible entrepreneur.

THE CEIBS STUDY

Mike Thompson, while serving as professor of management practice and specialising in wise leadership and corporate governance, led a research project at the China European International Business School in Shanghai (Thompson, 2017, 2013a). The project involved 85 executives in 20 western countries, and 96 Chinese executives. Most of these business people worked in commercial organizations at the most senior levels, and included entrepreneurs and business owners.

How did the study work? The respondents offered 18,000 wise words, which the research team then analysed and mapped. Let us take an example: the vice-president of a multinational insurance company described wisdom as the critical element that separates good decisions from brilliant, successful decisions, as well as what separates the decision making of effective leaders from that of mere managers or bosses. Then the research team clustered the most commonly used phrases and ideas. The result was a prism, with five different aspects. These aspects are:

- Self-Awareness
- Rational Capability

- Intuitive Capacity
- Humane Character
- Emotional Stability

Each aspect, according to Professor Thompson, describes a particular quality of wisdom. Together, he says, they represent wisdom as a whole. In practice, a person with these qualities would be equipped to make consistently wise decisions in business and in life in general.

SELF-AWARENESS

A wise person is a self-aware person, one who understands himself as he is. This understanding flows from an awareness of how you think and act. The way others perceive you can also be a kind of mirror to understand yourself.

A wise person is aware of the influences that he has received. From our childhood, we have been influenced by others, including family members, friends, teachers, and colleagues. Some of these people are wonderful examples of wisdom. We admire them, and we choose to follow their example. But the influence of others can be more subtle, and perhaps not always a good influence. Look back reflectively on your life, and you will see those people whom you admire, and whose habits and discipline are an inspiration to you.

RATIONAL CAPABILITY

Rational capability has to do with extracting knowledge from facts and using data to make calculated decisions. It requires analytical ability and a diligent attention to detail. The wise person does not ignore the facts. They start from the facts. They begin their decision-making process by sorting out the information which they already have available. Then they work out what further information is needed. This is a continuous process, not just for one time. As new information is collected, additional questions might be discovered, and further information may be needed to answer those additional questions.

No algorithm can substitute for the rational decision-making capability of a human being. You cannot rely on computers for decision-making. A good algorithm may help to make a particular decision more rapidly or more conveniently, but it is up to a rational human being (or a team) to design that algorithm. If you plan to use computer-assisted decision making in your business, you need to be clear that the algorithm is constructed to serve your values, as well as your business plan.

INTUITIVE CAPACITY

As an entrepreneur, it is likely that you may have to make decisions without sufficient, or even supporting evidence. You may need to use your intuition to uncover unforeseen opportunity. Hamdi Ulukaya, the Turkish founder of Chobani, a manufacturer of yoghurt, was quoted about the relationship between intuition and entrepreneurship:

> "We always trusted in our instincts and the messages that were coming directly from the consumers. We've never done studies. We've never done market research," he says. "That's what I believe in as an entrepreneur. You need to see not the small tree over the ground, but you have to see the seed underneath. We have to see things before anybody else." (Fifield, 2013)

Ulukaya, when he started the Chobani line of Greek-style yoghurt in the United States of America, relied almost exclusively on intuition. The market share of Greek Yoghurt at the time was 1% of the total yoghurt market. Ulukaya had confidence in the integrity of his produce and a sincere desire to share the Greek-style yoghurt he had grown up with in eastern Turkey. Chobani is now one of the leading yoghurt brands in the USA, and has expanded overseas.

Mr. Su Xin, founder of the Chinese Go-High fund, began his entrepreneurship at age 40 by buying a commercial portion of the Kaide Huaxi buildings in Shanghai in 2009. Mr. Su's opinion was that commercial real estate was under-valued. Then he looked for the facts which supported his opinion. Before building a business model, Mr. Su made the Kaide Huaxi investment as a random choice: "It's totally unlike what they tell you in the textbooks, which is: first, find a direction; then decide what resources are needed. Reality isn't as perfect as a textbook." (Thompson, 2013b)

These two examples showcase the power of intuition. However, these success stories do not represent the guaranteed outcome of every intuition-based business decision. Before launching into yoghurt, Mr. Ulukaya was already a successful entrepreneur with a cheese business. Before starting as an entrepreneur, Mr. Su had extensive experience as the Chief Operating Officer of a leading office space developer. Intuition has a foundation in the experience and thinking patterns of each responsible entrepreneur. For this reason, even when intuition suggests a certain course of action, it is wise to test this course of action through a feasibility study, or small-scale investment, or checking the evidence. Remember the logic of the Wisdom Prism is that all five dimensions work together to produce wise business decisions.

The heart of intuitive insight is nurturing that wise capacity that enables you to see a situation that lies beyond the initial appearance.

HUMANE CHARACTER

Hamdi Ulukaya believes that good practice is ultimately profitable: "In the long term, you always get the reward for doing things right," he said (Hessekiel, 2020). Wisdom and goodness are mutually interdependent. A wise decision is a good decision. A wise person is also a good person. The fourth dimension of the Wisdom Prism, humane character, describes how goodness is measured and towards whom it is oriented, along with why it is important in business leadership and entrepreneurship.

Your character defines you. Other people will identify you by your character. Part of having a good character means having values and morals that are ethically consistent and to which you are invariably committed. A majority of the executives and entrepreneurs surveyed during the CEIBS research project explicitly emphasized the importance of values and morals as the basis for making wise decisions in business. Two scholars from India, Hardeep Singh and Bikram Pal Singh summarised their research findings in these words: "Business must maintain the highest standards of behaviour for the benefit of industry, employees, customers and society only with the help of ethical values and business ethics." (Singh, 2012)

When you are deciding whether to start a business, or if you are already in a position of leadership, take time to reflect on your character.

Consider the impact that your character will have in developing your business relationships, conceptualizing and implementing your corporate strategy, creating the culture within you firm, choosing an industry or product segment to focus on, and deciding on the mentors and networks with which you want to surround yourself.

A good character is naturally human oriented. The values and morals you have will relate directly to others. Try periodically asking yourself this question as an exercise in remaining aware of the importance of your decisions: "What kind of person am I becoming as I make the decisions that affect other people?"

The kind of person you become, that is, the kind of character you develop, is determined by how you treat people. One way this can be expressed is in the Golden Rule. In ancient Chinese philosophy, Zi Gong asked this question: "Is there any single word that could guide one's entire life?" and Confucius answered, "Should it not be *reciprocity*? What you do not wish for yourself, do not wish for others." (Leys, 1997) Confucius' response is not only the basis for personal development, but it is also the proper approach to relationship building and an appropriate reference point for decision making in general. It is also, in terms of the Wisdom Prism, precisely what it means to have a humane character. And, as your business expands internationally, you will find that many cultures and religions have a similar answer to the answer of Confucius. Thus it is often referred to as the "Golden Rule" (Kung, 1993).

EMOTIONAL STABILITY

According to the Wisdom Prism, the foundation of the first four dimensions (self-awareness, rational capability, intuitive capacity, and humane character) is the fifth dimension: emotional stability. It is true that everyone is unique. It would be unreasonable to assume that there is a standard emotional disposition to which everyone must conform. However, it is also reasonable that everyone, regardless of their emotional tendencies, can achieve stability in their actions and reactions to others. This stability is very important in business, and in particular, in entrepreneurship.

An emotionally stable person can accept all the circumstances in which they find themselves. More specifically, they are wise enough to know what they cannot change, and to accept these circumstances. Adverse emotional outbursts often come from frustration, when we would like to change another person or change a situation, but we cannot do this. Fretting about things which we cannot change can obscure our capacity to respond well to the things which we can change.

Emotional stability can be summarised in three aspects: first, try to understand clearly what you can change and what you cannot change; second, try not to respond to negative situations (especially criticism) personally, rather, accept it as your teacher; and third, be honest and stable in your communications. Instability in your emotions can disrupt the development of your enterprise, while emotional stability is a characteristic of the responsible entrepreneur.

CONCLUSION

The word "wisdom" is often used thoughtlessly, or ambiguously. This chapter will help the responsible entrepreneur to identify wisdom, its sources, and its practice, in one's personal life and one's professional career. As a responsible entrepreneur, you can reflect on the Wisdom Prism and its five dimensions as a process for making consistently wise decisions.

CHAPTER 3: STUDY QUESTIONS

What is wisdom? How would you define it? How do you like that it relates to decision-making?

What is the Wisdom Prism? What are its five dimensions?

How do the dimensions of the Wisdom Prism relate to one another?

Can you provide an example of each dimension, based on your own experience?

CHAPTER 3: EXERCISE

Your enterprise is a restaurant. Your regular supplier of meat is unable to supply you, and you are hurriedly seeking a new supplier of meat. You have identified a possible supplier. Quality inspection reports associated with your possible supplier are positive. However, your diligent inspection of financial reports suggests that the supplier has been operating at a small loss for the last two years. You have also received a testimonial from another restaurant which buys its meat from your possible supplier. This testimonial tells you that the supplier was never late, but also tells you that the possible supplier sometimes sourced their meat from an industrial farm which was infamous for employing and overworking a labour force of illegal immigrants. You are under pressure, because you need to find a supplier quickly, so the testimonial about good delivery gives you a feeling of relief. And you are elated because quality is very important to you, and the quality inspection report is very positive. But what do you think about the report on this supplier's relationship to a less than reputable industrial farm known for its abusive labour practices?

What should you do? Should you proceed with that possible supplier?

CHAPTER 4

DEALING WITH THE PRESSURES OF CORRUPTION

THE EXPERIENCE OF CORRUPTION

The responsible entrepreneur seeks to build a clean business. This means a business which is free from bribery, and free from fraud. For the entrepreneur with a clean business, there is no need to worry about getting caught, and there is no need to live with an uneasy conscience. Corruption is ethically irresponsible, corruption is opposed to justice, and corruption undermines the common good.

Government policies and public attitudes in every country are opposed to corruption. However, the implementation of those policies and the effectiveness of those public attitudes can vary widely. Also, government policies and public attitudes will not be enough to create a clean business. The responsible entrepreneur, along with the whole community, must choose to build clean businesses and a clean society. In this chapter, we wish to explore practical strategies for avoiding corruption and building clean business right from the start.

WHAT IS CORRUPTION?

According to the Global Reporting Initiative, corruption is defined as follows:

> Corruption is "the abuse of entrusted power for private gain" and includes such corrupt practices as bribery, fraud, extortion, collusion, conflict of interest, and money laundering. It includes an offer or a receipt of a gift, a loan, fee, or a reward, or any other kind of advantage to or from any person as an inducement to do something that is dishonest, illegal, or a breach of trust in the conduct of the enterprise's business (Global Reporting, 2015).

There are other definitions available, and each of them will help the responsible entrepreneur to understand a little more about how corruption works. It is not simple. Corruption can be complex, and well organized. Corruption can also be ambiguous.

Let us take an example. An important aspect of many cultures is the giving of gifts. Even small gifts can be a beautiful expression of friendship, or family relationships, or kinship. Chinese history and culture have many examples of such gifts. But the responsible entrepreneur needs to be alert.

At some point, the gift is no longer a material expression of traditional value, or a traditional ritual. At some point a gift can become a mechanism for coercing and demanding favours. What looks like a gift is actually a disguise for corruption. Then the disguise opens up expectations for doing business, or even obligations without which the entrepreneur cannot conduct any business.

Let us take another example. In business, it is important to pay the correct fee for professional advice or other services. But again, this fee can be a disguise for corruption. A printing company in Australia paid bribes through agents in south-east Asia, with the bribes described as marketing and other expenses. This was a disguise, but the disguise was exposed and the bribers were convicted of the crime (CDPP, 2018). The professional entrepreneur needs to be alert for corrupt payments which are disguised as fees for service or even disguised as administrative charges. Corruption, we know, can be ambiguous, and the responsible entrepreneur needs to be able to see through the disguise.

Corruption is both ethically wrong and legally prohibited. So the responsible entrepreneur will not expect it to be obvious. Corruption is likely to be disguised as culturally acceptable, or as an ordinary part of doing business.

JAMES LEE

James Lee, Regional Director of Greater China for the Institute of

Chartered Accountants in England Wales (ICAEW) helped us to understand the auditing process. Audit is a professional process, using examination of the financial records and other records of a business, to ensure that the owners, the investors, the regulators, the customers and the public are receiving correct information about the conduct of the business. One aim of a successful audit is to identify corrupt practices or payments. This is part of building up public trust and encouraging the best business practices in accounting. To be successful, an audit requires an auditor with good professional judgement. Mr. Lee identified that good professional judgement can only come from integrity and having knowledge (technical knowledge as well as experience) (Lee, 2014).

Our credibility, the way in which the business community perceives us, depends on integrity. In order for business to be responsible, entrepreneurs with integrity must work together with other professionals with integrity. Accountants, auditors, and other professionals can create together a community where transparency and proper disclosure are evidence of that integrity.

The professional judgement of the auditor is important when the auditor identifies something potentially suspicious on a business's balance sheet or other documents. The auditor must use her or his professional judgement to decide whether to investigate further. Businesses which embrace transparency and communicate that responsibly to the marketplace will be perceived as credible. Other businesses will be inclined to trust them. Credible business will be examples of best practice and worthy of imitation. Such businesses will be an industry benchmark, even internationally.

Corruption can come disguised as business networking, or as friendship. Gaining advantage through a good network of people of integrity is good business practice. But gaining an advantage by unethical or illegal means is not good for your business, or for business in general. Always remember that corruption can be disguised. Don't accept free goods or holidays, or special personal services, when you know (or suspect) that they are given for the purpose of gaining an improper advantage later. The responsible entrepreneur will refuse an advantage where pressure might be placed in the future to return some kind of advantage which is illegal or improper.

If you aspire for your business to be a top business, then you will be attentive right from the beginning to work out how to prevent corruption. You will understand that corruption occurs not only in the government or public sector, but also in the private sector.

TRANSPARENCY INTERNATIONAL

There is a significant international organization which tracks corruption in many countries around the world. That organization is called "Transparency International" (TI). In China, TI uses an index called the

Corruption Perceptions Index (CPI), which records the way people perceive corruption in various countries. This index uses a scale of 1 to 100 (1 being the most corrupt and 100 being the least corrupt) (Transparency, 2020a). TI also uses a survey called the Global Corruption Barometer, which surveys 20,000 people across a number of countries in Asia. Recently on its website, TI noted that "Since 2014, China improved steadily on the CPI, increasing six points from a score of 36 in 2014 to 42 in 2020. Additionally, in the most recent Global Corruption Barometer for Asia, 64 percent of citizens in China believed that corruption decreased in the 12 months prior to the survey. However, 62 percent still think that government corruption is a big problem, highlighting that there is more work to be done" (Transparency, 2020b). Responsible entrepreneurs can be part of the success story in combatting corruption, both in government and in the private sector.

ESTABLISHING TRUST

A clean business can be trusted, and a successful business can achieve that success without paying bribes. In the short term, paying bribes may seem like the best way to advance a business, and cut through many difficulties. But in the long term, bribery creates many more problems than it solves (Vincke, 2006). Potential investors, suppliers, partners, and other stakeholders will prefer to deal with a clean business.

A beginning entrepreneur could seek a trusted adviser, a mentor, who can help them to get through those difficult times when someone wants a bribe. A mentor can help steady the situation and help the entrepreneur to hold onto the enterprise's values. An experienced mentor can also suggest ways to change the negotiations, so that the other party would realise that a long-term relationship of trust will actually be more profitable than a relationship based on bribery. An experienced mentor can help the beginning entrepreneur to recognize those cases where corruption is disguised as a gift, or disguised as friendship, or disguised as a fee.

As China's entrepreneurs go abroad, perhaps as part of the famous Belt and Road Initiative, they may face unexpected demands for corruption. The disguise for corruption can come in different cultural forms, so that the entrepreneur is less able to see what is happening. To ensure that China's people and Chinese businesses have a fine reputation, the Chinese leadership is keen to promote anti-corruption.

ANTI-CORRUPTION IN ASIA AND CHINA

Asian businesses have historically struggled with systemic corruption. There are signs that the struggle is still difficult. In Malaysia, there is an ongoing investigation into the 1MDB organization, which has yet to discover fully the roots of corruption in that case (Jones, 2020). Despite the difficulties, there are also promising signs across the region, including

China. Some of those signs emerged during the term of Zhu Rongji, China's fifth Premier from 1998 to 2003 and former Mayor of Shanghai. Premier Zhu was well-known and respected for his intolerance of all forms of corruption and nepotism. Premier Zhu recognized that China's state-owned enterprises (SOEs) and private enterprises would be more successful in a clean environment. Most recently, the sustained campaign led by China's current President Xi Jinping has had far-reaching effects in identifying and removing corrupt government officials and raising awareness about the dangers of corruption (Anon, 2015). Clean enterprises are more efficient and more successful than enterprises riddled with complex networks of corruption.

COMMUNICATING YOUR MESSAGE

The responsible entrepreneur will have personal values that are opposed to corruption. The important step is to incorporate these values into the policies of the enterprise, and communicate these policies to staff, to customers, to suppliers, and to all potential stakeholders. It may be that another party is accustomed to paying or receiving bribes, and will not be familiar with a clean business environment. The responsible entrepreneur will not pretend that bribery does not exist. The responsible entrepreneur will face the problem and maintain those strong personal and corporate values. Rather than abandon a project, it may be better to offer a win-win situation, where both parties gain a reasonable business advantage without the need for bribery or other corrupt practices that can poison the relationship. Your staff may also think that a quick profit can be made by accepting or paying a bribe. Such a profit might win the staff member a promotion. But your staff need to know that your policy of establishing a clean enterprise applies to all staff. Your internal policies must reward staff who report corruption (called "whistle-blowing") and punish those who seek to be corrupt.

MANAGING INTEGRITY IN YOUR TEAM

Sometimes suppliers and customers will request payments—kickbacks and bribes—in the course of business. This can be the supplying business or customer business, or it can be an individual within that business who is personally corrupt. This requires a policy of clean business right through your organization. From the top, the responsible entrepreneur will realise that bribery might give some short term gain, but it will lead to losses in the long term. The same message must be understood and followed by all the employees. And those employees have to be supported in communicating the enterprise's clean policies to suppliers and customers. A leading Hong Kong entrepreneur emphasised that the enterprise must compete with service, with quality, with innovations (Wong, 2014). In the long run, these will be more attractive than bribery.

Training is important for all employees, so that they understand the clean values, the clean policies of the enterprise. This has to be repeated in different ways, so that it is not forgotten. The temptation to accept or give bribes can come at a time of great pressure on individuals, and it is important for those individuals to know that the whole organization supports clean policies and will support them in refusing to give or receive bribes.

A responsible entrepreneur can use a Code of Conduct to spell out the values of the enterprise for employees and for others who deal with the enterprise. This can be a useful tool. But if the Code is not implemented by everyone, if it is only fine words with no action, then the Code will not be helpful.

CONCLUSION

Corruption is both a personal and an institutional problem. The origin of corruption is ultimately in the heart and mind of the individual person, where values are compromised for gain and morality takes second place to individual desire for gain. However, corruption is practised institutionally in government, in SOEs, in private business. Corrupt people can link together to form networks of corruption, and these networks can be strong and difficult to overcome. In a large organization, corruption in one area can spread like a cancer.

Here we invite you, the responsible entrepreneur, to reflect on your professional practice. In the heart and mind of the responsible entrepreneur, the sense of personal integrity and personal responsibility must become highly developed. Just changing the structures within an organization or in a political system will not bring about clean practices. There must also be a personal change of heart and mind. The responsible entrepreneur can cooperate openly with others who are trying to build a clean society. Clean business flourishes in openness and transparency, while corruption flourishes in secrecy and opaqueness. And clean enterprises can make a wonderful contribution to the common good.

CHAPTER 4: STUDY QUESTIONS

What is corruption? What are examples of it in practice?

What is Transparency International? How does this organization contribute to the fight against corruption? Do you think that their approach is effective?

How is corruption carried out in China? Can you explain the "corruption triangle" presented by Professor Yang Hengda?

Do you think that corruption is ethically wrong? Give your reasons for your answer.

CHAPTER 4: EXERCISE

You are an entrepreneur, and your business includes an abattoir in the country of Utopia. The abattoir has just opened. There is a large workforce. Most of the workers are on three-year contracts from the day of opening. The workers are managed by your business's Director of Employment, who is efficient and hard-working. Unfortunately, the abattoir is destroyed in an unexpected flood, about one year after opening. Your contract with your workers allows you to terminate their contracts in these circumstances. The workers complain about being dismissed, and they tell you that your Director of Employment has demanded a sum of money from each employee, to be paid off week by week over the three years of the contract. Now your Director of Employment is demanding that each employee pay their full sum immediately. You confront your Director of Employment. He admits that these accusations are true, but he also tells you that if you publicise the matter, his friends in the government will ensure that you lose your licence to operate the abattoir. You do not know whether he has such friends, or whether he is bluffing.

What do you do?

CHAPTER 5

MAKING SENSE OF ENVIRONMENTAL QUESTIONS

INTRODUCTION

Environmental ethics seeks cooperation with nature. Environmental ethics rejects the assumption that the earth has, or can produce, unlimited resources. The framework of environmental ethics is based in this understanding of the limits of nature. To give an example in business: irresponsible waste management is an abuse of nature, and not a cooperation with nature. It is unsustainable, because it fails to consider the processes of the environment. The physical laws which govern the growth, decay, and recycling of organic materials should inform best practices for operating your business harmoniously with the natural world.

BUSINESS OPPORTUNITES AND RESPONSIBILITIES

Care for our planet, its resources, and by extension, current and future populations, is a growing concern throughout all levels of society. How we act today not only impacts people today, but also our shared future. The responsible entrepreneur will take responsibility for actions which contribute to water shortages, to air pollution, to degradation of the oceans, and so many other environmental issues. Solutions to the environmental questions of our time will not be found by passing blame or waiting for others to act. However, there is not only great responsibility but also great opportunity for business. Let us first meet Jörg Wuttke, the President of the European Union Chamber of Commerce in China.

JÖRG WUTTKE

Jörg Wuttke was interviewed about his view on environmental ethics (Wuttke, 2014). He began by identifying common environmental concerns such as clean air, clean water, and reducing energy consumption. He then stated that one of the difficulties with environmental ethics, particularly in business, is the general lack of incentives. It might be easy to agree that polluting the air is morally wrong, but it is even easier to find justifications for continuing to pollute. The cost of change is always high at first. To overcome this difficulty, Wuttke explained, it is important to position environmental ethics as a business proposition.

For instance, reducing waste will cut waste management costs; or decreasing emissions will lower your carbon tax burden; or a sustainable supply chain creates consumer trust and loyalty. Propositions like these make sense to businesspeople. They accord with business thinking and are strategic. They invite the kind of creativity and innovation necessary to put ethical arguments into practical application. As an entrepreneur, avoid the idea that ethics and business are mutually exclusive or even opposed. Brainstorm how you can balance, or better yet, integrate the demands of environmental ethics within your business strategy.

Mr. Wuttke identified a problem of the gap between talk and action on the environment. We know that individuals, corporations, and governments may speak in glowing terms about environmental protection, but then fail to act in accordance with their talk. When there is a gap between talk and action, trust is reduced. With reduced trust, entrepreneurs feel powerless and unable to act.

PRACTICAL STEPS

In general, there are seven areas of environmental impact to consider:

- Water Conservation
- Soil Conservation
- Air Pollution
- Factory-based Emissions
- Fossil Fuel Usage
- Waste Materials (manufacturing, office, or consumer generated)
- Natural Resource Usage

If you are still conceptualizing your business or already implementing or running it, reflect upon how you can avoid or minimize negative environmental impacts in one of the above categories. Remember, starting small is generally the only way to start at all. Don't become discouraged by thinking one small change won't make a difference or that the problem is too big to worry about in the first place. Be strategic and systematic. Take simple action, then measure it and communicate it. Make sure people know what you are doing and why you are doing it and be consistent in your commitments over time. Don't expect results too quickly and plan for the long-term.

Regarding waste materials, for instance, if you are selling a consumer product, are you using plastic packaging? How difficult would it be to replace it with recyclable or biodegradable materials? Or consider the use of paper in your operations. In what ways could you reduce your paper waste? Many firms adopt a "Reduce, Reuse, Recycle, Remove" model, "Remove" being the eventual transition to a paperless operation. The business of recycling also offers opportunities to responsible entrepreneurs (Potter, 2018).

In terms of fossil fuel usage, is any of your energy coming from coal or natural gas? Are there renewable energy substitutes available that you could consider, like solar thermal or geothermal energy? If not, consider reducing your electricity usage by simple means such as setting electronics to hibernate after shorter periods of non-use, turning off lights in rooms not being used, or turning off the heating/cooling systems on your premises when no one is working.

Consider how you might reduce air pollution. Can you incentivize your workforce to use public transportation instead of private vehicles? Is it possible to provide company transportation to and from work for your team?

What natural resources are you using in your operations? Can you reduce your water requirements or implement processes to recycle your wastewater? Do you use any heavy metals such as gold, iron, copper, or silver? Can you reduce your consumption of these, or find renewable substitutes?

As a responsible entrepreneur, it is important to remain conscious of such considerations as you build your business. Each process improvement or product replacement should correspond to a business advantage. Each business advantage should be integrated into your branding and communicated to the marketplace.

A good example is an international office furniture provider named Haworth. Over time, they have modified their line of products to be completely recyclable. They include recycling instructions with each package they sell and encourage all of their customers to resell, refurbish, or even donate their products to avoid the necessity of dumping them into a landfill. This strategy resulted in a competitive advantage for Haworth and shows how powerful environmental commitments can be realized in today's marketplace (Ratliff-Miller, 2010).

ANTONIO OCHOA

Antonio Ochoa, Founder of Red House China, commented on environmental ethics from an architectural perspective (Ochoa, 2014). He began by describing what a green building, or sustainable building is. It is namely a structure that uses environmentally friendly and resource efficient processes in its initial construction, ongoing maintenance, and eventual renovation or demolition.

The aim of this trend in the architectural and construction industries is to optimize the use of resources, such as energy and water, and reduce the accumulation of waste materials and pollution. As an entrepreneur, particularly if you are interested in design or architecture, following the developments in this field will be important for discerning your niche and competitive advantages.

Ochoa also talked about developments in the use of building materials. He put an emphasis on the emergence of bamboo as a sustainable alternative to plastic and a viable substitute for wood in building designs. Part of his responsibility as an architect is being aware of the most environmentally friendly building materials and how to use them properly in his designs for clients.

COMPLIANCE WITH POLICIES AND LAWS

For the responsible entrepreneur, environmental ethics is more than just compliance with government laws and policies. There is no doubt that many countries have policies and laws, which are constantly evolving, on environmental questions. As an example, you can see the annual reports prepared by Professor You Mingqing of the Zhongnan University of Economics and Law (You & Wang, 2020). But simply complying with local laws is not identical with ethics. Professor Jose Maximiano reminds us: "It is important to know that the ethical duties do not always coincide with legal obligations mainly because of two reasons: one, because not everything ethical is covered in the civil laws since the scope of ethics is broader than the scope of the law; and two, because a few civil laws may be unethical and unjust" (Maximiano, 2007).

The responsible entrepreneur will form their own ethical understanding of environmental issues. The responsible entrepreneur can draw on not only general ethical principles, but also on professional ethical codes and codes of practice common in particular industries. The responsible entrepreneur will also see that ethical and legal developments are not constraints: they create opportunities for good business.

CONCLUSION

The environment is fragile and must be treated as such. But it is also bountiful. It provides us with everything which we need to flourish, in business or in life. With this provision comes our responsibility. The responsible entrepreneur chooses to live and work in such a way that the environment can continue providing and we can continue thriving. That is at the heart of environmental ethics and the ideal of environmental sustainability. As a responsible entrepreneur, this is also your opportunity—waiting to be grasped.

CHAPTER 5: STUDY QUESTIONS

What is environmental responsibility or environmental ethics? Why is it important for today's business?

Is it wise to include environmental responsibility in your business strategy? What opportunities and benefits might be associated with such a strategic approach?

What are the seven areas of environmental impact? What practical steps can be taken to counter negative impacts on the environment in a particular business?

Can you name any companies that are pioneering in their commitments to environmental ethics? How do they operate?

CHAPTER 5: EXERCISE

Your enterprise is a producer of plastic containers. Until a few years ago, the waste from your production process was discharged into the nearby lake. At that time, this was not illegal. However, you noticed that more and more of your customers were demanding environmentally sound production methods. Accordingly, you revised the production process so that the waste could be treated in your factory and reused. You also applied for, and received certification from an environmental standards organization that your process was now environmentally sound. You have used this in your advertising, and customers do refer to this.

Now the part of your plant which treats waste has broken down. You have two alternatives: you can shut down your whole plant until the waste treatment repair has been finished, or you can discharge the waste into the lake until the repair is finished. You do not know how long the repair will take. If you choose to shut down the plant, the employees cannot work, but you will have to continue to pay them. You value your workers, and you do not wish to suspend them without pay. If you discharge the waste into the lake, you will lose your certification from the environmental standards organization.

Which of the two alternatives would you choose?

Or can you think of other alternatives?

CHAPTER 6

ETHICAL ENGINEERING AND CONSTRUCTION

INTRODUCTION

Ethical engineering and construction touch all parts of our lives. From the house where you wake up to the road on which you drive home, you are relying on the integrity and the capacity of the engineering and construction industries.

How should a building or a service be constructed? This is not only a critical technical question, it is also an ethical question. When we walk into a schoolroom, we want to know that the school has been properly built. For any kind of building, we want to trust, however implicitly, the companies and the teams of workers who designed and built these structures. Ethical engineering and construction aims at enabling people to utilise and enjoy the building or service, without having to worry.

Ethical engineering and construction also focus on sustainability. The impact of a given building on the environment, in terms of waste, pollution and emissions, is a growing concern for architects, designers, engineers, and construction companies. Clients are beginning to require higher environmental impact standards, and entrepreneurs must meet these standards to win project bids.

Lastly, ethical engineering and construction focus on how to do business without paying bribes, giving kickbacks, or engaging in any kind of disingenuous or outright illegal business practices. As a responsible entrepreneur, the integrity of your products, their external impacts, and your approach to winning business are all interconnected. All three dimensions rise and fall together. Be careful to consider them when writing your business plan.

WANG JIANLIN AND DALIAN WANGDA

One of China's most experienced entrepreneurs stated in an interview: "There are not many companies in China that dare to say in public 'we don't offer bribes', or companies that operate only by market rules," he says. "But we will say it directly: we rely on market forces for our growth" (Hook, 2012).

Wang Jianlin, the chairman of Dalian Wangda, is willing to say openly: "We don't offer bribes." This is a bold statement that creates its own degree of vulnerability by setting high expectations for Dalian Wangda. But the statement reflects a necessary commitment, one that forces the real estate entrepreneur to align his words with his actions. It is the kind of promise made by a courageous leader who understands the risks inherent in doing business.

ETHICAL ISSUES IN MALAYSIAN ENGINEERING

Malaysian engineers Tamjis and Vinod (2016) examined an engineering failure in bridge construction. They concluded that:

> "Normally, ethics is the code of moral principles and values that govern the behaviour and beliefs of individuals with respect to what is ethically right or wrong. These values and principles shape one's lifestyles which in turn influence perceptions and ways of forming judgments. An ethically acceptable judgment is both legally and morally acceptable to the larger community. Those who possess high moral and ethical values are assumed to be more perceptive of ethical problems. Thus, they will be more likely qualified to form ethical judgments. Engineers should practice engineering ethics in Malaysia as it is part of Engineering Curriculum to hold paramount the safety, health and welfare of the public. Study cases reveal evidence that engineering ethics are not adequately followed in many cases of 'engineering incidents.'"

The responsible entrepreneur in engineering and construction is not simply a technician but is also a professional leader with professional ethics. Examining cases of engineering failure can give us an insight into the problems which arise from unethical practice.

ANTONIO OCHOA

Antonio Ochoa is an architect from Venezuela, resident in Beijing. In 2017 architect Ochoa was elected "International Executive Business Talents (Business Elite)" in Chaoyang District, an honour he appreciates because of his love for that area (Anon, 2020). In an interview, architect Ochoa was asked to comment on the relationship between ethics and architectural design. When asked about the dangers of bribery, he stated that once business begins to be done in that way, it is difficult to maintain any independent operational standards. A given business can become dependent upon the demands of the party requesting bribes and lose its sense of autonomy. The kind of clients Ochoa hopes to attract want uncompromising quality. They search for companies with strong ethics, a clean history, and a commitment to sustainability. Paying bribes and competing unethically is not something they will tolerate. Architect Ochoa said: "You know the thing is if the client has this in mind, which is quality and green building, they don't go through backdoor ways." (Ochoa, 2014)

Ochoa also talked about how architectural design should be directed towards the common good. He said that the design of a given building does not only impact the life or work of the user or occupant, but also is part of the collective whole of a town or city. It has public implications, with regard to how it looks, where it is located, how big it is, how it integrates into a given neighbourhood, how sustainable it is, and who uses it. By necessity, a building contributes to the livelihood of a community. It is part of something bigger than itself, and must not take away, but add to it.

PHILIP CHMIELEWSKI

Philip Chmielewski, Professor of Engineering Ethics at Loyola Marymount University in California, USA, was interviewed about sustainable construction. He stated that sustainability, from an engineering perspective, is ultimately concerned with using present resources in a way that ensures that there is just as much available for future generations. When buildings are constructed, beginning with the selection of materials used to lay out their floorplans, sustainability principles can and should inform these decisions. Designing floor plans that encourage recycling or composting or reduce the dependence on heating and cooling systems will reduce waste and emissions. Chmielewski explained that every little bit helps (Chmielewski, 2014).

Professor Chmielewski also spoke about the bottom-of-the-pyramid programme developed with the American Society of Mechanical

Engineers, which emphasises that engineering teams should look to the needs of society first before beginning their designs. This not only ensures sustainable impact, but also is socially responsible (Leland, 2011). Creating entrepreneurial solutions to real social problems is a key element of responsible entrepreneurship. The possibilities are endless: the responsible entrepreneur might find opportunities in creating innovative irrigation systems for sustainable farming, or in creating lighting fixtures for reducing direct exposure to LED (light emitting diodes), or a thousand other tasks.

CONRAD WONG

Conrad Wong, Vice Chairman of Yau Lee Holdings Limited, was interviewed about his sustainable building projects, in particular a Holiday Inn Express hotel his company built in Hong Kong SAR's SoHo district. The hotel, he said, has achieved many environmental awards and certifications, including Hong Kong SAR's BEAM Plus Platinum, the United States' LEED Platinum, Singapore's Green Mark Platinum, and China's Three Star. Wong explained that his hotel, in comparison with others in HK, reduced energy costs by 58.5% through numerous innovations.

One innovation he identified was the Peltier Headboard Cooler, invented and patented by Yau Lee Holdings itself (Wong, So, & Platten,

2016). The headboard works by disarming the thermostat throughout the night and keeping cool only the length of the bed by blowing cold air over it. By only cooling the sleeping area, the cost associated with keeping the entire hotel room cool is avoided and the overall energy usage is reduced.

In September 2014, Hong Kong SAR launched "Green Building Week" to promote "green thinking" and the exchange of sustainable business ideas. Wong's Peltier Headboard Cooler is just the kind of energy-saving business idea which this kind of initiative was aimed at discovering. In pairing "green thinking" with business strategy, companies like Yau Lee Holdings can pioneer a new direction for the construction industry, leading it away from unsustainable or wasteful practices towards environmentally friendly and socially responsible commitments.

For you, as an entrepreneur, innovations like the Peltier Headboard Cooler can become a competitive advantage, help grow your brand visibility, and open up new opportunities for corporate collaborations or partnerships. Avoid the idea that doing business is drudgery.

CASE STUDY: CANCER CARE HOSPITAL

Sustainable construction aims at being holistic. Beyond considerations regarding the sustainability of the materials used and the amount of energy consumed in operation are the more nuanced aspects, such as the shape of the building, the color scheme, the use of art, the exterior landscape design, the lighting layout, and the choice of interior furniture.

All buildings are meant to be used. The feel, look, and other subjective aspects are therefore important, as they will become the basis of a patient, tenant, or guest's experience. To exemplify this point, Stephan Rothlin and Philip Chmielewski, in a book titled *Humankind and Nature* (2014), wrote an essay about the role of a cancer care hospital in society.

The construction of the hospital must consider, as Chmielewski indicated above, the needs of the users. If all the patients in the hospital have, or are recovering from, cancer, how might that influence the design of the building? How important is the environment in which a patient must live for however long they may be there?

A comforting and welcoming environment can also be sustainable. The exterior of the building can be beautiful, with trees, bushes, flowers, and other natural elements such as a small pond or lawn, while also using organic gardening methods to reduce patient exposure to harmful chemicals and sustainable maintenance approaches, such as letting leaves decompose where they fall thus becoming organic matter for the soil.

The construction of the building should also support sustainability in operations, such as composting and recycling or the development of "greenroofs", which absorb heat, help with insulation, and reduce rainwater runoff. If a building supports composting, the design of the building might also allow for a garden which the compost can sustainably fertilize. Creating a life-giving environment, full of growth and natural processes, can build hope for a patient struggling with cancer. It can bring serenity to a mind troubled by the possibility of death·

The construction should also consider exposure to the life of the town or city in which it is located. Patients need not feel trapped in small rooms, or strapped to a bed. Designing large windows to increase exposure to natural sunlight and healing spaces, with medicinal gardens, for patients to rest in can be impactful. The more natural sunlight, the less electricity the hospital will need. The use of in-house medicinal herbs in cooking meals can reduce external food procurement costs while increasing the healthiness of the patient's diet.

The architectural design is of equal importance. Does the hospital feel more like a prison than a home? Is it more of a waiting room for the dying than a recovery room for the living? More open spaces invite creative interior design layouts and can reduce the amount of raw material needed for construction. Sustainable materials such as bamboo can serve their purpose in construction while also contributing positively to the interior environment by acting as natural air fresheners. The use of natural materials can also be psychologically consoling for the patients.

The construction of the hospital should also leverage modern technology. For instance, including sensors in each room can decrease energy waste by automatically shutting off the heat or turning off the lights when a patient is out of the room, or designing into the construction a place for solar panels or small wind turbines.

As this example shows, the design and construction of a cancer care hospital, or any building, should be attuned to the needs of its users. Sustainability in construction can and should be related to the experience of the user. These goals mutually support each other, as a good user experience can translate into good word-of-mouth marketing or recognition by the media.

As an entrepreneur, always put the customer or user first. The needs of your users never align with unethical business practices. They never encourage deceit, short-cuts, or compromises. If you truly listen to the needs of the market, you will inevitably see the relationship between ethics and profitability.

CONCLUSION

The engineering and construction industries make possible the life of a town or city. They enable us to live, to work, and to play. However, these industries can also ruin our capacity for enjoying these activities. Poor construction, incompetent design, and unethical practices within a given firm can endanger the health and safety of the communities they are sworn to serve. As a responsible entrepreneur, the potential of your business is determined by your decisions. Make each one carefully.

CHAPTER 6: STUDY QUESTIONS

What is ethical engineering and construction? What ethical questions do engineers and construction-industry professionals face?

How can engineers and construction entrepreneurs contribute to a society "from the bottom up"?

What did you learn from the cancer care case study in hospital? How did the approach to designing the hospital take into consideration a commitment to ethics?

CHAPTER 6: EXERCISE

You are an entrepreneur with your own construction company. You are presently contracted to construct a multi-storey building. The design includes external cladding. Because of the risk of fire hazards in many countries, the local government requires that the cladding should be certified by the manufacturer as fire-resistant to a specific international standard. The number of this standard is to be clearly marked on the reverse side of the cladding.

You are ready to purchase cladding from your regular supplier. Your regular supplier tells you that she has some cladding which is surplus from a recently completed building. Your supplier offers this cladding to you at a cheaper price. The cladding offered to you does not have any marking that it complies with an international standard. Your regular supplier tells you that, to the best of her knowledge, it is equivalent to cladding which is marked with the international standard. And you know that once it is installed, the marking cannot be seen, because it is on the reverse side of the cladding.

What should you do? Why?

CHAPTER 7

CONFUCIAN ETHICS AND ENTREPRENEURSHIP

WHAT IS ENTREPRENEURSHIP?

Entrepreneurship is the process of starting a business by assembling necessary human, physical, and information resources in an efficient manner so as to create new products, or to produce existing products at lower costs (Lazear, 2005). Entrepreneurs are dependent on the entrepreneurial ecosystem, and must be more sensitive to the social and cultural context than craftsmen or product specialists. Entrepreneurship thus bears the character of its ecosystem, as well as the features of the entrepreneur's identity or social motivations. The various types of an entrepreneur or entrepreneurship, such as Darwinian, Communitarian, or Missionary (Fauchart & Gruber, 2011), is essentially a reflection of the source or structure of entrepreneurial leadership—a key element of entrepreneurial success in any social and economic circumstances.

WHY CONFUCIAN ENTREPRENEURSHIP?

In China, "Confucian merchant" was first coined in the middle 17th century (Late Ming Dynasty) referring to those who had double identities or characters at the same time– a merchant, whose goal was maximizing profit, and a follower of Confucian doctrine, who put Righteousness (*Yi*, 义) before profits, while prohibiting the latter from harming the former. According to Confucian ethics, prioritizing righteousness over profit is the way to maximize the common good. Or as Mencius, a disciple of Confucius said: the reason people hate you is not because you are wealthy, is that you obtain wealth by unrighteous means; people will hate that you are not wealthy enough if your wealth comes from the righteous way. Apparently, "Confucian merchant" as a particular approach to business can help obtain social recognition as well as the government's acceptance (Zhou, 2013).

This approach was also practiced in the "Confucian cultural/economic zone", namely Japan, the Republic of Korea, Singapore, Taiwan Province of China and Hong Kong SAR of China, and played important roles in their economic progress in 1970-80s. It also helped them enter the Chinese mainland market in the 1980s, which led to the flourishing of a Confucian entrepreneur movement in Chinese mainland since the 1990s.

Confucian entrepreneurship, which is of course not exactly the same as the "Confucian merchant", can be described as basing the entrepreneurial decision-making process on the awareness and practice of Confucian values, particularly the interrelated five virtues: Benevolence (*Ren*, 仁), Righteousness (*Yi*, 义), Propriety (*Li*, 礼), Wisdom (*Zhi*, 智),

and Honesty (*Xin*, 信). The social character of these virtues lies in that virtuous practices which, however admirable, are not simply for self-cultivation in any narrow sense but are the means to a higher end, the creation of a state in which the people may flourish, by actively participating in the pursuit of the common good (Rothlin & McCann, 2016). Aligning entrepreneurship with a set of values is important for establishing consistency in operation and reliability in the marketplace. The Confucian model for entrepreneurship aims to reconcile a diversity of business concerns with one, common set of interpretive values. It is as holistic as it is responsible, both in terms of building entrepreneurial strategies and developing business relationships.

Confucian entrepreneurship is particularly relevant to entrepreneurial leadership. As Confucius put in its contrast between the gentleman (*Junzi*, 君子) and the petty person (*Xiaoren*,小人); where the *Junzi* seeks virtue, the *Xiaoren* seeks pleasure; *Junzi* is altruistic, *Xiaoren* is egotistic; *Junzi* is concerned with realizing the common good, *Xiaoren* is concerned with maximizing personal gain. In business, these personalities define the spectrum of leadership qualities. As an entrepreneur, imitating the *Junzi* can give one the kind of corporate reputation and consumer brand loyalty which are essential to build a sustainable, profitable, and accountable business.

In Book IV of the *Analects*, Confucius states, "The gentleman [*Junzi*] understands what is moral; the small man [*Xiaoren*] what is profitable"

(Eno, 2015). The context of this quote is within a discourse on self-cultivation. In short, only a virtuous person can understand what is moral, and what is moral is ultimately concerned with the common good, with the proper development of all people. The difference between the *Junzi* and the *Xiaoren*, therefore, is not simply one of preference, but of necessity. It is not merely that the *Xiaoren* chooses to disregard the good of others, but that they literally cannot transcend personal concerns to a consideration of common need. They lack, in a word, the virtue to do so. In contrast, the *Junzi* has risen above individual gain, by the cultivation of virtue, to see personal pursuits within the context of morality, within an understanding of the needs of all, themselves included.

HOW CAN CONFUCIAN ENTREPRENEURSHIP BE APPROACHED?

The approach to Confucian entrepreneurship is a learning model. In the present context of a cut-throat market environment and increasingly demanding criteria for responsible and sustainable entrepreneurship, learning—the core value of Confucian teaching—is the ultimate approach to Confucian entrepreneurship. In the light of Confucian tradition, along with neo-Confucianism's emphasis on hands-on experience and practice, as well as cultural Confucianism's advocating for cultural integration, the goal of Confucian entrepreneurship is to establish the entrepreneurial personhood by learning, practicing and integrating the Confucian value system into entrepreneurship.

A Confucian entrepreneurial personhood can only be pursued and established by long term learning and practice in the process of entrepreneurship. Time and energy consuming as it were, yet the achievement—the obtaining of Confucian entrepreneurial personhood—can be highly rewarding: greater capability to turn goodness into the strengths of the business.

WHY ALIBABA AND JACK MA?

The Alibaba Group and its leader Ma Yun (Jack Ma) are often discussed in the case of Confucian entrepreneurship in contemporary China. Jörg Wuttke, President of the European Chamber of Commerce in Beijing, for instance, stated that though Ma never explicitly described himself using the phrase "Confucian entrepreneur", he could identify numerous Confucian traits in Ma's character: First, Ma has consistently thought of Alibaba's employees as part of his family, consistent with the Confucian principle of filial piety. Second, Ma emphasises continuous learning and improvement, reflecting the overall Confucian idea of self-cultivation as a process to be realized in time and through the adoption of good habits and disciplines. Third, Ma's work ethic is in alignment with the Confucian conception of the ideal commonwealth or

Grand Union as a goal that needs to be worked towards objectively.

CONCLUSION

The Confucian-based entrepreneurship movement in 1990s in China received increasing recognition and support. For instance, the annual International Confucius Culture Festival, which began in 1989, presents awards to entrepreneurs who embody Confucian values in their business practices. It has also gained exposure and credibility through academic and research organizations. From book publications to training seminars, people are expressing an interest in the benefits of the Confucian approach to entrepreneurship. This is proof that value-based entrepreneurship can help to produce social consensus at large and thus promote a more advantageous entrepreneurial ecosystem.

It is also noticeable that the on-going and deepening economic reforms in China requires higher standards and more globalized practice of entrepreneurship, which has bought up with many new challenges as well as opportunities for Chinese entrepreneurs. Jack Ma and his Alibaba group can shed some light on how to combine the traditional values with the new entrepreneurial ecosystem.

CHAPTER 7: STUDY QUESTIONS

What is a Confucian Entrepreneur? Can you describe the qualities of such a person?

Why is Confucian Entrepreneurship relevant to today's business environment?

Can you have the five core values of Confucian ethics? Can you explain how they all interrelate?

What is the difference between *Junzi* and *Xiaoren*? What are the practical consequences of each when doing business?

Do you think Jack Ma is a Confucian Entrepreneur? What qualities do you think Jack Ma possesses? Do you think he is a model worth imitating?

CHAPTER 7: EXERCISE

You are an entrepreneur seeking to live and work as a Confucian Entrepreneur. Recently, you have expanded by purchasing a business operating in a field similar to yours. Shortly after the purchase was completed, you discover a letter written a few months before your purchase to the former Chief Executive Officer (CEO) of the business which you have purchased. The letter was written by a medical doctor employed at one of the factories of that business. In the letter, the medical doctor states that she is resigning. She claims that the working conditions for employees are so difficult that the mental and physical health of the employees is endangered. She tells the former CEO that she does not wish to be associated with such a workplace.

As a Confucian Entrepreneur, what steps would you take?

CHAPTER 8

THE PRINCIPLE OF SUBSIDIARITY

INTRODUCTION

The principle of subsidiarity is a principle of social organization. Though without a formal definition, it is explained as follows:

> "A community of a higher order should not interfere in the internal life of a community of a lower order, depriving the latter of its functions, but rather should support it in case of need and help to co-ordinate its activity with the activities of the rest of society, always with a view to the common good." (Wojtyla, 1991)

In entrepreneurship, the practice of subsidiarity is tantamount to employee empowerment. You, as the founder and leader of your firm, would provide help, or assistance ("*subsidium*"), to your staff whenever or however they might need it, but would avoid overregulating or micromanaging their workflows to such a degree that their potential is neglected. In short, subsidiarity aims to safeguard employee freedom by respecting human dignity.

Implicit in the principle of subsidiarity is the idea that enabling human potential not only is a moral necessity but a strategic advantage in business operations. It is a moral necessity because human dignity, when respected, raises each person to an understanding that their life has real meaning, purpose and direction. They are affirmed in themselves and encouraged to bring their personal gifts into all that they do. It is strategically advantageous in business for two reasons. One, top management is not always in the best position to understand the needs of their workforce, and by extension the company as whole. Two, limiting the contribution of each employee restricts the innovative potential of a firm. Taken together, subsidiarity asks that employees be listened to and assumes that each person is more creative than they are usually given credit for.

CHARACTERISTICS OF SUBSIDIARITY

The principle of subsidiarity has three general characteristics:

1. In an organization, a higher level (for example, managers) should not perform tasks that could be achieved by a lower level (for instance, entry-level employees). All tasks should be undertaken at the lowest possible level

because the workforce at that level would be in the best position, in terms of knowledge and skill, to carry it out.

2. Following from the first characteristic, the role of a higher level is to support or assist the lower levels. A manager, for example, would only take action when their employees needed help. However, in helping, the manager would not assume the responsibilities of their employees or reassign their tasks, but provide them with the resources needed to complete the task themselves.

3. Summarizing the first two characteristics, no organization is morally prior to the individual, meaning that an organization should never be structured to exclude or limit individual participation, but to affirm and empower it. When organizations are built and directed from the bottom upwards, they are aligned with the demands of human dignity. Leadership then becomes a matter of sculpting employee input into a profitable and sustainable business rather than commanding a group of workers to build a pre-conceived corporate ideal according to a pre-determined work plan.

These three characteristics form the basis for applying the principle of subsidiarity. In action, subsidiarity looks different across industries, company sizes, and cultures. There is no "one size fits all" application.

For example, imagine an agricultural supply chain, where a vegetable farm produces a collection of crops to be sold at a local retailer in a nearby city. Where does the principle of subsidiarity apply here? Who along the supply chain deserves primacy? The retailer? The wholesaler? The processor? The transporter? The farmers? Ultimately, the farmers are the ones who initiate the production process, and upon whom the remainder of the chain is dependent. They are, therefore, the lowest level. If the wholesaler, in an effort to reduce costs and maximize profit, demands that the farmers use a certain kind of seed or expend more acreage for the growing of a particularly profitable crop that would be disadvantageous to the farm in the long-term, this would be a violation of the principle of subsidiarity. If the retailer knew they were the farm's biggest customer and decided to demand a lower procurement cost at the expense of the farmer's profit margin, they would be violating the principle of subsidiarity. The point here is that the subsequent segments of the supply chain should listen to the needs and feedback from the farmers. Insofar as the farmers were being truthful in speaking about their capacities and limits, subsidiarity would ask the rest of the supply chain to work with the farmers to find a mutually beneficial way of doing business, instead of one of the parties making demands at the expense of the other parties.

EXAMPLES OF SUBSIDIARITY IN BUSINESS

One case study comes from two French scholars, who examined a problem situation in a small-medium sized enterprise (SME) where a new computer system had been introduced to the enterprise mailroom without consultation with the employees. The manager who introduced the new system was an expert in computers, but did not really understand the objectives in the enterprise mailroom, the processes which were used, and the employees' day-to-day experience of those processes. The researchers recommended restarting the process at the lowest level so that the manager introducing the new system could understand how the employees actually worked: the researchers recommended applying the principle of subsidiarity (Dugué & Petit, 2013).

A second case study presents the recollections of Mike Thompson, professor of management practice specializing in wise leadership and corporate governance, who worked as the Director of Operations for a United Kingdom-based toy retailer named The Entertainer for five years. In this role, Thompson recalled that the employees who reported to him were oftentimes in a better position to make strategic decisions on behalf of the company, in terms of their particular responsibilities, than he was. His role became, therefore, one of encouragement and guidance rather than one of authoritative dictation. In short, in order to lead his team, he had to serve his team. In terms of subsidiarity, the fact that Thompson empowered his employees with the responsibility to make decisions on behalf of the company is aligned with the notion that all tasks, decision-making included, should be carried out at the lowest possible level of an organization and the idea that the higher levels exist primarily as sources of support and assistance for the lower levels.

WHAT PRACTITIONERS SAY ABOUT SUBSIDIARITY

ANDREW SO

Andrew So, Founder of the Asian Confederation of Credit Unions, reflected on the principle of subsidiarity in the context of his work with credit unions, cooperatives, and community development.

So stated that his work is directed at empowering the "poorest of the poor". He affirmed that even though many of these people suffer from serious hardships and a lack of opportunity, their potential remains and can be realized with a little help. Herein lies the logic of the credit union and cooperative development model, that when people are empowered to make a living for themselves, and are given opportunity and responsibility in an environment of accountability, they can do great things, things perhaps unexpected given their circumstances.

Subsidiarity governs this developmental model. As So confirmed, the principle of subsidiarity stands for human dignity. Human dignity presupposes personal potential and the availability of opportunities to realize it. Organizing business, let alone society, in a way that respects the dignity of each person and empowers them to achieve their potential inevitably advances the common good. This organizational approach is accomplished by giving priority to the lowest levels, ultimately the individual, and ordaining the higher levels with a purpose to support and assist them in their efforts.

Governance in the credit union and cooperative agencies, So continued, has three basic characteristics:

- External governance, such as third-party auditing;
- Internal governance, such as one member one vote and regular membership reporting;
- Individual governance, such as personal commitments to following ethical principles and adherence to a code of professional conduct (So, 2014).

This governance model, in reference to subsidiarity, is to create an environment where people can flourish and feel supported; is it also one in which abuse or corrupt activity doesn't necessarily compromise the future of the whole organization.

In the Philippines, the legislation empowering cooperatives begins with policy on subsidiarity: "Further, the State recognizes the principle of subsidiarity under which the cooperative sector will initiate and regulate within its own ranks the promotion and organization, training and research, audit and support services relating to cooperatives with government assistance where necessary." (Philippine Congress, 1990) This policy underscores the important place which subsidiarity plays, allowing the cooperative sector to self-regulate, while recognizing that there may be a need for assistance ("*subsidium*") in some cases.

ANTONIO OCHOA

Antonio Ochoa, Founder of Red House China, recalled how difficult applying the principle of subsidiarity was for him. In architecture, it is common for designers to want to control everything, the whole process from start to finish. There is a general distrust, he said, based on fear that someone else will do equally good work. Their anxiety does not necessarily mean they aren't skilled but simply reflects just how personal design work can be.

However, Ochoa described a noticeable change in the work ethic and overall contribution of his team when he began delegating major project tasks to his employees and including them in the brainstorming of new design ideas. He likened this extension of trust and responsibility to "growing up", in the sense of maturing and taking ownership of responsibilities. His employees were empowered to learn new skills, develop and refine existing ones, and were eager for constructive feedback.

This change in management style, reflecting the principle of subsidiarity, created a distinct transformation in the culture of his firm (Ochoa, 2014).

JÖRG WUTTKE

Jörg Wuttke, President of the European Chamber of Commerce in Beijing, described the difference between Eastern and Western conceptions of organizational management in terms of the principle of subsidiarity.

In the West, particularly Germany, his home country, Wuttke stated that the trend is to minimize or flatten the organizational hierarchy. In general, this coincides with subsidiarity in that it gives responsibility and the freedom to exercise that responsibility to each employee. In terms of accountability, it is common to see a proportionate increase in checks and balances throughout the organization to reduce the risk of fraud, abuse of power, or employee theft. Altogether, a flattened hierarchy has the effect of minimizing feelings of superiority and inferiority amongst employees of differing roles and creating a sense of equality across teams and business functions (Wuttke, 2014).

In China, where Wuttke currently lives and works, he pointed out that the Chief Executive Officer (CEO) is the source and summit of all business activity in Chinese firms. In short, Wuttke said, "What the boss says is what the organization does." In terms of subsidiarity, this organizational structure is not necessarily out of alignment. There is room for employee empowerment within an operational model where the major strategic decisions are made by the CEO, while the processes for realizing those decisions are freely discerned and innovated by the employees. That being said, the CEO must be a person respected for his integrity. An abusive CEO can quickly go from communicating his strategy to dictating or micromanaging its implementation to such a degree that it creates a culture of suffocation. If employees lack the freedom to be creative in carrying out their roles or are prohibited from providing constructive feedback about the tasks they are in charge of, then nothing less than their dignity is at stake.

That being said, Wuttke explained that the role of the CEO in China extends beyond strictly business concerns. Oftentimes, if an employee has a major accident onsite or even in their personal life, the CEO will visit them in the hospital, or otherwise honour them with a gesture of consolation. Because the CEO is so revered, their responsibility is to make their employees feel like they are cared for and part of the corporate family, similar, Wuttke stated, to the approach of Jack Ma and Alibaba Group. This kind of reciprocity in practice is, in many ways, compatible with the overall aim of the principle of subsidiarity.

PHILIP CHMIELEWSKI

Philip Chmielewski, Professor of Engineering Ethics at Loyola Marymount University, explained subsidiarity in terms of responsibility.

He began by stating that delegating responsibility is difficult, and it is common for managers and executives to struggle with it. There is a difference between giving an employee responsibility over a task and showing an employee how to accomplish it. Chmielewski emphasized that empowerment comes with the risk of making mistakes. In encouraging an employee to figure out a solution themselves, you are accepting their potential for failure. However, he continued, people learn from mistakes. They learn very quickly what not to do in the future, insofar as they are held accountable, the mistake is discussed with them respectfully by their manager, and sufficient assistance is provided to ensure the same mistake is avoided in the future. It can and should make them more efficient, productive, and confident employees over the long-run (Chmielewski, 2014). This approach is in line with human dignity and the aim of subsidiarity in action.

CONCLUSION

As an entrepreneur, the principle of subsidiarity has far-reaching effects, especially in terms of team building. If team members find you too rigid or stubborn in carrying out your own ideas, you might struggle to keep them enthused and in line with your vision. Entrepreneurship requires an openness to change, a willingness to adapt, and a readiness to pivot your business idea. Creating an inclusive, encouraging culture within your firm can empower your employees and team members to contribute meaningfully to the success of your business. All people, no matter their background, skillset, or education level, can exceed expectations when they know you care about their input and will listen to their suggestions. In practice, the principle of subsidiarity is thus aimed at bringing out the best in your workforce and keeping your business activity oriented towards the common good.

CHAPTER 8: STUDY QUESTIONS

What is subsidiarity?

What are the three characteristics of subsidiarity?

Can you provide examples of subsidiarity in practice? Do you think subsidiarity is an important principle for organizing a business? Why or why not?

What is human dignity? How does it relate to the principle of subsidiarity?

What is the common good? How does it relate to the principle of subsidiarity?

What are credit unions and cooperatives? How has the principle of subsidiarity been applied to their operational models?

CHAPTER 8: EXERCISE

Mr. Lee is a successful entrepreneur with a business manufacturing casual clothing. He founded the business and has devoted his working life to its success. He spends long hours at the factory and office, he knows many of his employees personally, and he monitors every aspect of the enterprise. Mr. Lee feels most comfortable when he is in control of all aspects of the business.

Recently, Mr. Lee has bought a controlling interest in an established clothing manufacturer in Cambodia. He often flies to Cambodia and visits the factory, taking a direct interest in all aspects of production and management. Mr. Lee needs an interpreter, and often becomes frustrated by the time needed to translate every detail. Since Mr. Lee bought a controlling interest in the Cambodian business, staff turnover has increased. A particular difficulty is the resignation of senior staff who have left the business and moved to other companies. Production levels have dropped, and quality control has become a problem.

Mr. Lee consults you about the situation in Cambodia. What advice can you give him? Would the principle of subsidiarity offer any insight to his situation?

GLOSSARY

Preface and Introduction:

Entrepreneur refers to an individual who, rather than working as an employee, runs a small business and assumes all the risk and reward of a given business venture, idea, or good or service offered for sale. The entrepreneur is commonly seen as a business leader and innovator of new ideas and business processes.

Professional refers, in a narrow sense, to some occupations with a high degree of self-government, formal training, shared ethics, shared standards, and disciplinary processes. In a broad sense it can refer to other occupations (including entrepreneurs) which have some but not all of these attributes.

Common good refers to the total of social conditions which allow people and societies to reach their fulfilment.

Subsidiarity states that "a community of a higher order should not interfere in the internal life of a community of a lower order, depriving the latter of its functions, but rather should support it in case of need and help to co-ordinate its activity with the activities of the rest of society, always with a view to the common good."

[Note: "Subsidiarity" has a different meaning to "subsidiary".]

"Subsidium" is Latin for "assistance".

Solidarity refers to the shared interdependence of people in a complex society.

"Green washing" describes promotion of an enterprise as a good contributor to environmental action, when in fact the enterprise is not a good contributor and may be causing environmental harm.

Chapter 1:

Due Diligence refers to the care a reasonable person should take before entering into an agreement or a transaction with another party.

Lender refers to someone who makes funds available to another with the expectation that the funds will be repaid, plus any interest and/or fees.

Investor refers to any person who commits capital with the expectation of financial returns.

Intellectual Property refers to non-tangible property such as patents, trademarks, copyright, and designs. Sometimes these are protected by laws, but sometimes by keeping the knowledge secret.

Stakeholder refers to a party that has an interest in an enterprise or project. Examples are investors, employees, customers, suppliers, local communities, government, and trade associations.

Management Team refers to the group of managers or executives responsible for the direction of a company.

Integrity refers to the quality of being honest and fair. It also refers to the state of being complete or whole, demonstrated through the consistency of one's thoughts and actions.

Marketplace refers to the organization of exchanges, ranging from buying and selling to an economic system through which different companies compete with each other for customers.

Financial Transparency refers to the extent to which investors have ready access to any required financial information about a company such as price levels, market depth, and audited financial reports. It is one of the silent prerequisites of any free and efficient market.

Chapter 2:

Globalization refers to the tendency of businesses to operate beyond domestic and national markets expanding their reach in other markets around the globe, thereby increasing the interconnectedness of different markets.

Digitalization refers to the use of digital technologies to change a business model and provide new revenue and value-producing opportunities. It is the process of moving to a digital business. It also refers to the interconnectedness of people throughout the world by way of digital technology, including computers, smart phones, and the internet.

State-owned Enterprise refers to a legal entity that is created by the government in order to engage in commercial activities on the government's behalf. A state-owned enterprise (SOE) can be either wholly or partially owned by a government.

Workplace Safety refers to the policies and procedures in place to ensure the safety and health of employees within a workplace. It involves hazard identification and control according to government standards and ongoing safety training and education for employees.

Triple Bottom Line (TBL), coined in 1994 by John Elkington, refers to the separate financial, social and environmental "bottom lines" of companies. A triple bottom line measures not only the company's economic value, but also a "people account"—which measures the company's degree of social responsibility, and a "planet account"—which measures the company's environmental responsibility.

Sustainability refers to a method of harvesting or using a resource so that the resource is not depleted or permanently damaged. A common example is environmental sustainability, where a company aims to implement processes that reduce or eliminate waste and pollution.

Sincerity refers to a quality of genuineness that is free of deceit or coercion.

Business Ethics refers to the set of moral rules that govern how businesses operate, how business decisions are made and how people are treated.

Chapter 3:

Wisdom refers to the soundness of an action or decision with regard to the application of experience, knowledge, and good judgment.

Intuition refers to knowing or predicting something from instinctive feeling rather than conscious reasoning.

Culture refers to the beliefs, customs, arts, and norms of a particular society, group, place, or time

Chapter 4:

Corruption refers to dishonest behaviour by those in positions of power, such as managers or government officials. Examples are bribery, embezzlement, fraud, money laundering, and giving inappropriate gifts.

Justice refers to giving each person exactly what they deserve. It highlights the importance of the legal environment of society, and the process by which violations of laws are judged, and penalties are imposed.

Common Good refers to "the sum total of social conditions which allow people, either as groups or as individuals, to reach their fulfilment more fully and more easily."

Reciprocity is an expression of the Golden Rule, which states, "What you do not want done to yourself, do not do to others."

Favouritism refers to the unfair practice of treating some people better than others, setting aside the equality that each person owes to all.

Whistle-blower refers to anyone who has and reports insider knowledge of illegal activities occurring in an organization. Whistle-blowers can be employees, suppliers, contractors, clients, or any individual who becomes aware of illegal activities taking place in a business either through witnessing the behaviour or being told about it.

Corporate Culture refers to the beliefs, values, and behaviours that determine how a company's internal and external operations and relationships are conceived and managed. Often, corporate culture is implied, not expressly defined, and develops organically over time from the cumulative traits of the people the company hires. A company's culture will be reflected in its dress code, business hours, office setup, employee benefits, turnover, hiring decisions, treatment of clients, client satisfaction, and other aspects of its operations.

Chapter 5:

Applied Ethics refers to any critical use of philosophical methods to examine practical moral decisions and to treat moral problems facing business, government, society, and the environment.

Pollution refers to the action or process of making land, water, and air dirty and unsafe or unsuitable for further human use.

Fossil Fuels refers to a fuel, such as coal, oil, or natural gas, that is formed in the earth from dead plants or animals.

Waste refers to refuse, such as garbage or rubbish, that is accumulated or created through human activity.

Natural Resource refers to the natural wealth of the world, consisting of land, forests, mineral deposits, and water.

Chapter 6:

Holistic refers to considering everything as interconnected, and not by considering all parts or aspects as separate. When referring to persons, it means considering the person as a single entity, without dividing into different aspects of the person, such as their body or mind.

Standard of Excellence refers to a way of behaving or conducting business that is not only in compliance with all relevant laws, but also seeks to go beyond these in honouring ethical expectations and universal values such as honesty and integrity.

Chapter 7:

The classification **"Darwinian, Communitarian, and Missionary"** was developed by Swiss scholars E. Fauchart and M. Gruber, based on the social identities of different kinds of entrepreneurs.

1. **"Darwinian"** entrepreneurs are focused on the establishment of a strong, successful business.

2. **"Communitarian"** entrepreneurs are focused on a service or product which will provide assistance to potential users.

3. **"Missionary"** entrepreneurs are focused on a cause or desire for certain goals for society. In doing this, a key feature is their capacity for

innovation.

Character is an expression of one's collective habits, behaviours, and practices, based on the beliefs, values, and principles that inform a person's actions and decision making.

Confucian Entrepreneur refers to a person who starts and grows a business based on Confucian moral principles such as benevolence and reciprocity.

Corporate Social Responsibility (CSR) refers to a business approach that contributes to sustainable development by delivering economic, social and environmental benefits for all stakeholders.

Benevolence, in Confucian wisdom, refers to the spirit with which a person carries out his or her social responsibilities. Although it has many meanings, benevolence is commonly referred to as love, kindness, and goodness.

Righteousness, in Confucian wisdom, refers to the ability to do good. Regardless of consequence or intention, one is to perform certain acts for no other reason than that it is good and right.

Propriety, in Confucian wisdom, acts as a guide to human behaviour, informing one's decision making and actions in the context of their social relationships and responsibilities.

Honesty refers to the quality of being fair and truthful.

Leadership refers to a person whose character enables him or her to take on the responsibility of directing the thoughts and behaviours of others towards a particular objective.

Junzi, in Confucianism, is translated as "gentleman", and refers to a humane person, one who understands the needs of others and is a good moral example.

Xiaoren, in Confucianism, is translated as "small minded person", and refers to a person who is incapable or thinking or acting outside of selfish interests.

Virtue refers to one's disposition to be and to do good. The cultivation and embodiment of virtue guides one's thinking and acting towards what it good, right, and just.

The Grand Union (*Datong* 大同) is the Confucian notion of an ideal commonwealth which helps explain both the possibility and the necessity of becoming fully human. It contains a description of ordinary living within this ideal commonwealth—where not only is a "sense of sharing" spontaneous and universal, but also "a public and common spirit ruled all under the sky." In such a *Datong* (大同), "they choose men of talents, virtue, and ability; their words were sincere, and what they cultivated was harmony," as everyone fulfilled their role in life and the work assigned to them (Rothlin & McCann, 2016).

Chapter 8:

Human Rights refer to the basic freedoms to which all humans are considered to be entitled, often held to include the rights to life, liberty, equality, and a fair trial, freedom from slavery and torture, and freedom of thought and expression.

Credit Union and credit cooperatives are membership organizations, usually not-for-profit, that provide financial services, primarily savings accounts and loans, as well as basic education in financial management, in order to empower people who otherwise may have little or no access to the finance capital they need to meet major expenses or to start businesses of their own. The purpose of such organizations is to promote thrift and thereby increase access to the capital required to become financially independent or self-sustaining.

Accountability refers to the expectation or requirement that a person be held responsible for his or her actions. Accountability measures in business refer to certain behavioural limits, the crossing of which result in necessary consequences intended to reform a given behaviour or habit. Accountability implies to a measure or collection of measures that restrain employees from committing unethical or illegal behaviour and encourage best practices.

REFERENCES

BUSINESS AND PROFESSIONAL ETHICS: TOWARD A COMMON GROUND

CRITTENDEN, J & LEVINE P. Civic Education[M]//ZALTA, E N ed. The stanford encyclopedia of philosophy. 2018. https://plato.stanford.edu/entries/civic-education/ 8 March 2021.

DE BETTIGNIES H C. Developing Leadership and Responsibility: No Alternative for Business Schools[M]//DEMBINSKI P H, LAGER C, CORNFORD A, BONVIN J M eds. Enron and World Finance. London: Palgrave Macmillan. 2006.

DICATERY. The vocation of the business leader: a reflection 5th Edition[M]. University of St Thomas. St Paul. 2018. http://cas.stthomas.edu/media-library/_documents/catholic-studies/vocation-of-the-business-leader.pdf 12 March 2021. Chinese 《一个反思：企业领导人的使命》光启出版社；河北信德出版社.

MCGOWAN, M. Naplan scores: Australia's civics education 'woeful', minister says[M]// The Guardian. 2017. https://www.theguardian. com/

australia-news/2017/dec/13/naplan-scores-australias-civics-education-woeful-minister-says/ 08 March 2021.

Professional Standards Councils. What is a profession? (undated) [R]. https://www.psc.gov.au/what-is-a-profession 08 March 2021.

ROTHLIN, S. Professional Ethics as Training in Civic Education, 2018[M]// Hong Kong Journal of Catholic Studies: vol.8, pp. 159-185

SHERROD, L, FLANAGAN, C & YOUNISS, J. Dimensions of citizenship and opportunities for youth development: The what, why, when, where, and who of citizenship development[M]//Applied Developmental Science. 2002: 6(4), pp 264-272.

Chapter 1

CHEN, J. Due Diligence. 2021.[M]//Investopedia. https://www. investopedia. com/terms/d/duediligence.asp#:~:text=The%20Bottom%20Line-,What%20Is%20Due%20Diligence%3F,proposed%20transaction%20with%20another%20party 13 March 2021.

FRAZER, L, BUCHAN, J, WEAVEN, S, BINH, T-M, & GRACE, T. The effectiveness of undertaking due diligence prior to starting up or purchasing a small business or franchise [M]. Griffith University. 2015. https://www.cpaaustralia.com.au/~/media/corporate/allfiles/document/professional-resources/education/due-diligence-full-report.pdf?la=en 13 March 2021.

MEN, M. Personal Interview [R]. 20 September 2014.

MONNIER, J. Personal Interview [R]. 20 September 2014.

TAYARI, F & SENG, T. Case Study 1: Barings Bank PLC (undated). Penn State University. https://www.e-education.psu.edu/ ebf301/node/569 13 March 2021.

Chapter 2

DAI, T. Alibaba Three Times Oversubscribed [R].//China Daily. 2014 September 10. https://www.chinadaily.com.cn/business/2014-09/10/content_18574318.htm 15 March 2021.

DRUCKER, P. A functioning society [M]. Somerset, Transaction Publishers. 2003.

ELKINGTON, J. 25 years ago I coined the phrase "Triple Bottom Line": Here's why it's time to rethink it[J].//Harvard Business Review. 2018 June 25. https://hbr.org/2018/06/25-years-ago-i-coined-the-phrase-triple-bottom-line-heres-why-im-giving-up-on-it 15 March 2021.

KWOK, E. Personal Interview [R]. 20 September 2014.

LAI, C. Personal Interview [R]. 20 September 2014.

ROTHLIN, S. Personal Interview [R]. 20 September 2014.

SLAPER, T & HALL, T. The Triple Bottom Line: What Is It and How Does It Work?[M]// Indiana Business Review. 2011. 86(1), 4-8.

Chapter 3

FIFIELD, A. Founder follows his gut instincts [M].//Financial Times. 10 April 2013. https://www.ft.com/content/fe252dc2-a07b-11e2-a6e1-00144feabdc0 26 February 2021.

HESSEKIEL, D. Changemaker Interview: Hamdi Ulukaya, Founder &

CEO, Chobani [R].//Forbes. 25 September 2020. https:// www.forbes.com/sites/davidhessekiel/2020/09/25/changemaker-interview-hamdi-ulukaya-founder--ceo-chobani/?sh=5e4923817a17 26 February 2021.

KÜNG, H & KUSCHEL, K-J eds. A global ethic. The declaration of the parliament of the world's religions [C]. London, SCM Press. 1993.

LEYS, S trans. The Analects of Confucius [M]. New York: Norton. Para 15.24. 1997.

SINGH, H & SINGH, B P. Ethical Values and Business Ethics in Multinational Companies in India in Context of Globalization: An Empirical Study. 2012.//International proceedings of economics development and research. Volume 51 pp. 222-230. http://www.ipedr.com/vol51/047-ICHSC2012-B10075.pdf 28 February 2021.

THOMPSON, M. The Wisdom Factor in Decision Making 2013a [R]// German Chamber Ticker: German Chamber of Commerce. June-July 2013. 46-48. https://www.ceibs.edu/images/ecclar/2013/06/09/5174718AF2AAA93276B909D230BFE212.pdf 26 February 2021.

THOMPSON, M. Making Wise Decisions 2013b [R]//Today's manager Issue 4. https://m360.sim.edu.sg/article/Pages/Making-Wise-Decisions.aspx 26 February 2021.

THOMPSON, M. How Managers Understand Wisdom in Decision Making: A Phronetic Approach in Wendelin Küpers and Olen Gunnlaugson (Eds.) [R]//Wisdom learning: perspectives on wising-up business and management education. pp. 211-228. London: Routledge.

2017.

THOMPSON, M. Responsible entrepreneurship: good leaders make good business [M]. Beijing: University of International Business and Economics Press. 2019.

Chapter 4

Anon. Business and Corruption: Robber Barons, Beware [M]. The Economist. 24 October 2015. https://www.economist.com/ china/2015/10/22/robber-barons-beware 20 March 2021.

CDPP (Commonwealth Department of Public Prosecutions). Securency and note printing Australia foreign bribery prosecutions finalised. 2018. https://www.cdpp.gov.au/case-reports/securency-and-note-printing-australia-foreign-bribery-prosecutions-finalised 20 March 2021.

Global Reporting. GRI 205: Anti-corruption [R]. 2016. https://www.globalreporting.org/standards/media/1006/gri-205-anti-corruption-2016.pdf on 20 March 2021.

JONES, D. 1MDB Corruption Scandal in Malaysia: a Study of Failings in Control and Accountability [M].//Public Administration and Policy. 2020. 23(1). https://www.emerald.com/insight/ content/doi/10.1108/PAP-11-2019-0032/full/html on 20 March 2021.

Kong, X & Li, R. Former Official of SOE Subsidiary Gets Suspended Death Sentence in Record-Setting Bribery Case. 24 October 2016.// Caixing Global. https://www.caixinglobal.com/2016-10-24/former-official-of-soe-subsidiary-gets-suspended-death-sentence-in-record-setting-bri bery-case-101000096.html 20 March 2021.

LEE, J. Personal Interview [R]. 20 September 2014.

ROSE-ACKERMAN, S & TAN, Y. Corruption in the Procurement of Pharmaceutical and Medical Equipment in China [M].//Pacific Basin Law Journal. 32(1). 2015. https://escholarship.org/uc/item/5742d68k 20 March 2021.

Transparency (Transparency International) 2020a. Corruption perceptions index. https://www.transparency.org/en/ cpi/2019/index/nzl 20 March 2021.

Transparency (Transparency International) 2020b. CPI 2020: Asia Pacific [R]. https://www.transparency.org/en/news/cpi-2020-asia-pacific 20 March 2021.

VINCKE, F. Anti-Corruption: A Business Case [R].//ERRATH, B. ed. Business against corruption: case stories and examples. United Nations Global Compact Office. 2006. https://www.unglo balcompact.org/library/161 20 March 2021.

WANG, J. () China Charges Former Railway Chief in Corruption Crackdown [M].//Businessweek. 10 April 2013. https://web. archive.org/web/20140415202150/http://www.businessweek.com/news/2013-04-10/china-charges-former-rail-chief-with-corruption-abuse-of-power 20 March 2021.

WONG, C. Personal Interview [R]. 20 September 2014.

YANG, H. Business ethics: a conscience of business. Shenyang: Liaoning

University Press. 1990.

Chapter 5

MAXIMIANO, J. Business ethics and corporate social responsibility. Pasig City: Anvil. 2007. P. 38

OCHOA, A. Personal interview [R]. 20 September 2014.

POTTER, B. Melbourne Entrepreneur Harry Wang's Solution to Waste Crisis? Recycle It Here. [M] Financial Review. 12 December 2018. https://www.afr.com/politics/melbourne-entrepreneur-harry-wangs-solution-to-waste-crisis-recycle-it-here-20181212-h190s7 1 March 2021.

RATLIFF-MILLER, P. Haworth, Inc: Building for the Triple-Bottom Line [M].//IMA Educational Case Journal. 3 (1) art 3.

WUTTKE, J. (2014) Personal interview [R]. 20 September 2014.

YOU, M & WANG, H. Annual Review of Chinese Environmental Law Developments 2019 [R].//Environmental Law. 2020. Reporter. 50, 10296. https://heinonline.org/HOL/LandingPage?handle=hein.journals/elrna50&div=37&id=&page=on 1 March 2021

Chapter 6

Anon. Antonio Ochoa-Piccardo, a Foreign Architect with His Chinese Dream and Stories with Beijing [M].//Why Beijing. http://english.beijing.gov.cn/investinginbeijing/WhyBeijing/Story/202005/t20200522_1905884.html 22 February 2021.

ROTHLIN, S & CHMIELEWSKI, P J. (2014). Implementing Dignity And Sustainability In: A Cancer Hospital [M]. 2014.//WONG A &

WATDEGA A K eds. Humankind and nature. An endangered system of interdependence in today's globalising world, 33-49. Newcastle upon Tyne, UK, Cambridge Scholars Publishing.

CHMIELEWSKI, P. Personal Interview [R]. 20 September 2014.

HOOK, L. Builder with a Global View [M]. 2012.//Financial Times. https://www.ft.com/content/2b2746c0-a663- 11e1-9453-00144feabdc0 22 February 2021.

LELAND, J. Development from the bottom of the pyramid : an analysis of the development innovations ventures program. [R] WISE-program—ASME. 2011. https:// www.asme.org/about-asme/media-inquiries/press-releases/asme-student-members-complete-wise-interns hip-prog 22 February 2021.

OCHOA, A. Personal Interview [R]. 20 September 2014.

TAMJIS, M & VINOD, A. Engineering Ethics: To what extent it is being practiced in Malaysia despite it is part of Engineering Curriculum. [M] 2016. https://www.resear chgate.net/publication/291254152_Engineering_Ethics_To_what_extent_it_is_being_practiced_in_Malaysia_despite_it_is_part_of_Engineering_Curriculum 22 February 2021.

WONG, C, So, A & PLATTEN, A. (2016) Building Low Carbon High Rise Buildings in a Sub-Tropical Climate: Case Study [R].// DASTBAZ, M, STRANGE, I & SELKOWITZ S. Building Sustainable Futures. 157-182. Cham, Springer.

WONG, Conrad. Personal Interview [R]. 20 September 2014.

Chapter 7

ENO, R. trans. *The Analects of Confucius, an online teaching translation.* 2015. https://chinatxt.sitehost.iu.edu/Analects_of_Confucius_(Eno-2015).pdf 18 March 2021.

FAUCHART, E & GRUBER, M. Darwinians, Communitarians, and Missionaries: The Role of Founder Identify in Entrepreneurship [M].//Academy of Management Journal 54 (5): 935–957. 2011. https://www.researchgate.net/publication/46286385_Darwinians_Communitarians_and_Missionaries_The_Role_of_Founder_Identity_in_Entrepreneurship 18 March 2021.

LAZEAR, E. Entrepreneurship [M].//Journal of Labor Economics. 23 (4): 649-681. 2005.

ROTHLIN, S, & MCCANN, D. International business ethics: focus on China [M]. Berlin: Springer. 2016.

WUTTKE, J. Personal Interview [R]. 20 September 2014.

ZHOU, S-J. Review and revision: Theory and practice of corporate philanthropy in China [M].//Journal of International Business Ethics 6 (1-2): 42-56. 2013.

Chapter 8

CHMIELEWSKI, P. Personal Interview [R]. 20 September 2014.

DUGUÉ, B and PETITe, J. Ethical stakes of corporate governance, ergonomic contribution to organizational redesign aiming at subsidiarity. *Proceedings of the understanding small enterprises (USE) conference*

2013, 19-22 February 2013. New Zealand: Nelson. https://www.massey.ac.nz/massey/fms/Colleges/College%20of%20Business/CERGOSH/Docs/USE2013%20Conference%20Proceedings%20on%20CD.pdf 4 March 2021.

OCHOA, A. Personal Interview [R]. 20 September 2014.

Philippine Congress. An act to ordain a cooperative code of the philippines. 1990. https://www.officialgazette.gov.ph/1990/03/10/republic-act-no-6938-2/ 4 March 2021.

SO, A. Personal Interview [R]. 20 September 2014.

WOYTYLA, K. One hundred years [R]. 1991. http://www. vatican.va/content/john-paul-ii/en/encyclicals/documents/hf_jp-ii_enc_01051991_centesimus-annus.html 1 May 2021.

WUTTKE, J. Personal Interview [R]. 20 September 2014.